中等职业教育精品教材

# Office办公软件
# 应用高级教程

主　编　李明锐

副主编　于靖悦　于海鑫

　　　　陈　亮　李晓琳

中国人民大学出版社

· 北京 ·

图书在版编目（CIP）数据

Office 办公软件应用高级教程 / 李明锐主编. —— 北
京：中国人民大学出版社，2021.7
中等职业教育精品教材
ISBN 978-7-300-29622-7

Ⅰ. ①O… Ⅱ. ①李… Ⅲ. ①办公自动化－应用软件
－中等专业学校－教材 Ⅳ. ① TP317.1

中国版本图书馆 CIP 数据核字（2021）第 137513 号

中等职业教育精品教材
**Office 办公软件应用高级教程**
主　编　李明锐
副主编　于靖悦　于海鑫　陈　亮　李晓琳
Office Bangong Ruanjian Yingyong Gaoji Jiaocheng

| | | | | |
|---|---|---|---|---|
| **出版发行** | 中国人民大学出版社 | | | |
| **社　　址** | 北京中关村大街 31 号 | | **邮政编码** | 100080 |
| **电　　话** | 010 - 62511242（总编室） | | 010 - 62511770（质管部） | |
| | 010 - 82501766（邮购部） | | 010 - 62514148（门市部） | |
| | 010 - 62515195（发行公司） | | 010 - 62515275（盗版举报） | |
| **网　　址** | http://www.crup.com.cn | | | |
| **经　　销** | 新华书店 | | | |
| **印　　刷** | 北京鑫丰华彩印有限公司 | | | |
| **规　　格** | 185 mm×260 mm　16 开本 | | **版　　次** | 2021 年 7 月第 1 版 |
| **印　　张** | 14.75 | | **印　　次** | 2021 年 7 月第 1 次印刷 |
| **字　　数** | 346 000 | | **定　　价** | 42.00 元 |

随着办公自动化的深入普及，熟练掌握 Office 办公软件操作技能已经成为职场人士必备的职业素养。本书针对有一定办公软件操作基础的学习者而编写，学习者通过对本书 28 个过关案例的学习，可以轻松晋级为办公软件操作高手。

本书以国家办公软件学科教学标准为依据，以新课程改革为立足点，以培养职业素养与专业技能为重点，通过"四步学习法"来完成办公软件的学习，使学习者在轻松的过"关"体验中逐步掌握办公软件的操作要领。全书共分为三篇：Word 文字处理篇、Excel 电子表格篇、PowerPoint 演示文稿篇。每一篇均用简明、通俗的语言设计了日常办公中具有代表性的案例，且配有电子课件及微课，便于学习者实践。

本书具有以下鲜明的特点：

❏ 视角独特，易于激发学习者的学习兴趣。本书摒弃了传统教材的说教式编写方式，完全以学习者的视角切入案例，所选取的案例均为工作过程案例，简单易懂、实用性强、贴近实际，易激起学习者的学习兴趣。

❏ 结构新颖，"四步学习法"贯穿始终。本书每一"关"均由"高手抢'鲜'看""高手加油站""高手大闯关""高手勇拓展"四步构成，每一"关"均通过"高手抢'鲜'看"激发兴趣，通过"高手加油站"掌握知识点，通过"高手大闯关"落实知识点，通过"高手勇拓展"巩固知识点。这四个学习步骤环环相扣、层层深入，使每个知识点都脉络清晰，易于学习。

❏ 案例典型，满足实际工作需要。本书设定了很多案例，每个案例的内容均与实际的工作任务密切相关，如"培训登记表""员工档案""红头文件""述职报告"等，学习者通过对这些典型案例的操作，可以轻松掌握办公软件的高级操作技巧。

❏ 素材齐全，便于学习和实践。本书每一"关"均有配套的电子课件、电子素材及微课。电子课件方便教师教学，电子素材方便学习者练习实践，微课可以实现在线观看，满足学习者立体化学习的需求。

本书既适合职业院校相关专业作为教材，也可以作为计算机应用培训班教材或办公自动化操作人员的自学手册。

本书由李明锐担任主编，于靖悦、于海鑫、陈亮、李晓琳担任副主编。其中，第一篇由李明锐编写，第二篇由于海鑫编写，第三篇由李晓琳编写。全书电子课件、微课由于靖悦、陈亮设计并录制。全书由李明锐、于靖悦统稿。本书在编写过程中得到了有关部门及行业、企业专家的大力支持和指导，在此谨向他们表示诚挚的谢意。

由于时间仓促、编者水平有限，书中疏漏之处在所难免，诚恳希望广大读者和专家批评指正。

编者

目 录
CONTENTS

第三篇　PowerPoint 演示文稿篇

# 第一篇

# Word
# 文字处理篇

## Word 高手速成

office

# Word 高手速成第一关——创建培训通知

**过关目标：**

从制作培训通知案例入手，学习 Word 规范文档的排版、生成 PDF 文档、使用格式刷、使用第三方软件轻松实现多人协作编辑文档的功能与技巧。

 高手抢"鲜"看

能够制作一份规范的通知文档是现代职场人士最基本的办公技能。今天我们要完成一份培训通知的制作，同时还要实现多人协作编辑文档的功能。培训通知制作效果如图 1-1-1 所示。

**卓越四海有限责任公司**
**关于开展新入职员工培训的通知**

各部门、各下属子公司：

为帮助新员工系统学习公司的管理制度、企业文化及发展战略，增强新员工的自信心和工作意识，使其尽快投入到工作岗位，适应工作要求，经公司办公会研究，决定对公司新入职员工进行统一培训，现将具体事宜通知如下：

一、培训时间：

2021 年 9 月 15 日(星期三)9:00—12:00。

二、培训地点：

公司大会议室。

三、参加培训人员：

2021 年 6 月 1 日后入职的员工。

四、培训内容：

1. 公司制度。

2. 企业文化。

3. 借支、报账流程。

4. 行业的发展趋势与公司的发展战略。

五、培训要求：

1. 请相关部门提前做好工作安排，如有特殊原因不能参加，请提前通知综合办。

2. 要求参训员工在 9 月 13 日 11:00 前在公司工作群在线填写新入职员工参训汇总表。

3. 请参训员工于 9 月 15 日 8:50 准时在大会议室签到，培训期间不得请假、迟到、早退；培训开始仍未签到者，将按缺岗处理。

4. 请参训人员自带笔和笔记本，培训当天不再另行提供。

附件：1. 新入职员工参训汇总表。

2. 参训学员遴选指南。

卓越四海有限责任公司
人事行政部
2021 年 9 月 7 日

图 1-1-1 培训通知制作效果

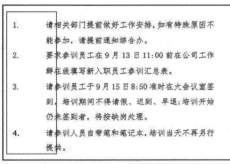 高手加油站

现代职场人士除了要拥有基本的 Word 排版技能外（如需要学习基本技能，可以查看与本教材配套的《Office 办公软件案例教程》一书），还需要掌握调整列表缩进、使用格式刷、生成 PDF 文档、多人协作编辑文档等办公软件操作技巧。

## 1. 调整列表缩进

在我们对文档设置项目符号与编号时，经常有一些编号的列表位置不尽如人意，如图 1-1-2（a）所示的编号与文字之间的距离就过大，此时通过调整列表缩进就可以轻松实现。操作方法是拖动选中需要调节的文本，右击选择【调整列表缩进】菜单（如图 1-1-3 所示），在图 1-1-4 所示的调整列表缩进对话框中，设置文本缩进 1.3 厘米，单击【确定】按钮完成设置。还可以根据文档的排版需要调整选中文档的左缩进位置，使编号文档左缩进为 0，调整后的排版效果如图 1-1-2（b）所示。

（a）列表缩进调整前　　　　　　　　　　　（b）列表缩进调整后

图 1-1-2　调整列表缩进对比效果

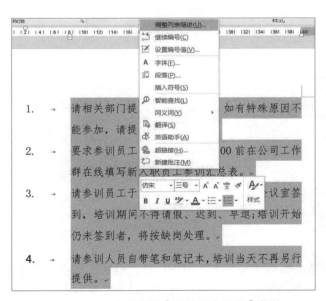

图 1-1-3　右击选择【调整列表缩进】菜单　　　　　图 1-1-4　调整列表缩进对话框

### 2. 使用格式刷

使用开始功能区剪贴板组中的格式刷  选项卡,不仅可以快速地将设置好的文本、段落格式复制到其他文本上,也可以复制设置好的项目符号或编号的格式,使用方法如下:

(1)选定设置好格式的项目符号或编号。

(2)单击或双击 按钮。

(3)将鼠标移到目标项目符号或编号(或要设置格式的文本)上,拖动选中目标文本即可复制格式。

(4)单击 按钮取消格式复制。

> **小贴士** 在(2)中,如果单击 按钮,只可复制格式一次,不需要(4)的操作;如果双击 按钮,可复制格式多次,此时需要(4)的操作。

### 3. 生成 PDF 文档

Word 和 PDF 都是 Office 软件的重要组成部分,Word 主要用于文字编辑,PDF 主要用于文字阅读。在我们编辑好 Word 文档后,可以通过【文件】菜单轻松实现转换。操作方法为:单击【文件 | 另存为】,选择需要保存的位置后,在"保存类型"中选择"PDF",如图 1-1-5 所示,则编辑好的 Word 文档就自动生成了 PDF 文档,方便我们在移动设备上阅读。

图 1-1-5 另存为 PDF 文档

### 4. 多人协作编辑文档

多人协作编辑文档在企业在线填表、数据填写等方面应用广泛,也是职场新手的办公秘籍之一。Office 提供了 OneDrive 云存储服务功能,用户可以通过登录设置共享或发送共享链接的方法实现多人协作编辑文档。由于大多数非专业办公人员没有注册 Office 账户,使用 OneDrive

实现多人协作编辑往往有困难，此时可以借助第三方软件在手机上实现多人共享编辑文档的功能。操作方法如下：

（1）首先把编辑好的 Word 文档发送到自己的微信。如图 1-1-6 所示。

（2）在微信中双击打开需要多人协作编辑的文档，如图 1-1-7 所示。

图 1-1-6　将文档发送到自己的微信　　　　　图 1-1-7　在微信中打开文档

（3）单击文档右上角的【…】按钮，选择【其他应用打开】，如图 1-1-8 所示。

（4）选择 WPS Office 第三方软件打开文档，打开效果如图 1-1-9 所示。

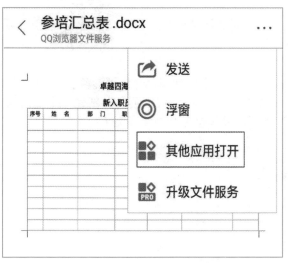

图 1-1-8　选择【其他应用打开】　　　　　图 1-1-9　使用 WPS Office 打开文档

（5）点击文档左下方的【分享】按钮，再选择【多人编辑】，如图 1-1-10 所示。

（6）在多人编辑界面中，点击【邀请好友】按钮，再选择【发送给朋友】（此处也可以选择其他类型多人编辑的方法，如 QQ、钉钉、企业微信等），选择需要填写人员所在的微信群，点击【发送】按钮，这时就会出现如图 1-1-11 所示的协作编辑小程序，微信群中的所有人员都可以在线实时编辑，系统会自动保存录入的数据。编辑好后，如果需要下载，只要在电脑上打

开小程序，点击左上角的【文件 | 下载】菜单即可完成多人协作编辑文档的下载。

图 1-1-10　选择多人编辑　　　　图 1-1-11　生成在线多人编辑文档

高手大闯关　　　　　　　　扫一扫！看精彩视频

Step 1：创建新文档

　　双击桌面上的【ｗ】图标，或者计算机操作系统【开始】按钮下的【Word 2016】程序图标，进入 Word 文字处理软件。单击【文件 | 新建 | 空白文档】（如图 1-1-12 所示），新建一个空白的 Word 文件，单击【文件 | 保存】，以"培训通知"为文件名保存于个人文件夹下。

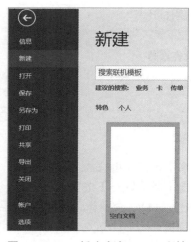

图 1-1-12　新建空白 Word 文档

Step 2：标题设置

将光标移至文档第一行，录入标题文字"卓越四海有限责任公司关于开展新入职员工培训的通知"，选中全部录入的标题文字，单击【开始】功能选项卡，设置标题文字的字体为宋体二号加粗、居中对齐。如果感觉标题换行文字处行文不太规范，可以使用【Shift+Enter】进行软回车换行，此时再进行排版修改时，两行文字仍作为一段进行处理，利于排版设置。选中标题文本，单击【段落】右下角的对话框启动器（小箭头形状），在段落设置对话框中设置标题文字段后 0.5 行，制作效果如图 1-1-13 所示。

> **卓越四海有限责任公司**
> **关于开展新入职员工培训的通知**

图 1-1-13　标题制作效果

Step 3：正文排版

（1）在标题后回车，设置文本为仿宋、三号字，在文档中录入正文文字。

（2）选择【开始|加粗 **B**】按钮加粗第一行通知部门文字。

（3）选中正文第二行开始的所有文字，在段落设置对话框中设置标题文字首行缩进两个字符，单倍行距。

（4）选中正文中的"培训时间："，设置字体为加粗字体，单击【开始|编号 三-】按钮，设置编号为"一、"格式，如图 1-1-14 所示；再次选中"培训时间："右击，选择【调整列表缩进】菜单项，按照图 1-1-15 所示设置文本缩进 1.5 厘米，编号之后使用"空格"，单击【确定】按钮完成正文条目格式设置。

图 1-1-14　设置编号

图 1-1-15　调整列表缩进

（5）选中"一、培训时间："文字，单击【开始| 格式刷 】两次，复制格式，移动光标分别至"培训地点：""参加培训人员：""培训内容：""培训要求："文本处，选中文本并单击，

将正文编号格式予以复制，并且自动进行编号。

（6）选中“四、培训内容：”后的四段文字，单击【开始 | 编号 ☰ ▾】按钮，设置编号为“1.”格式。选中“五、培训要求：”后的四段文字，单击【开始 | 编号 ☰ ▾】按钮，设置编号为“1.”格式；再次选中后四段正文文字，拖动标尺中的【左缩进 ⌂】按钮，设置各段左缩进为 0 个字符。

正文排版效果如图 1-1-16 所示。

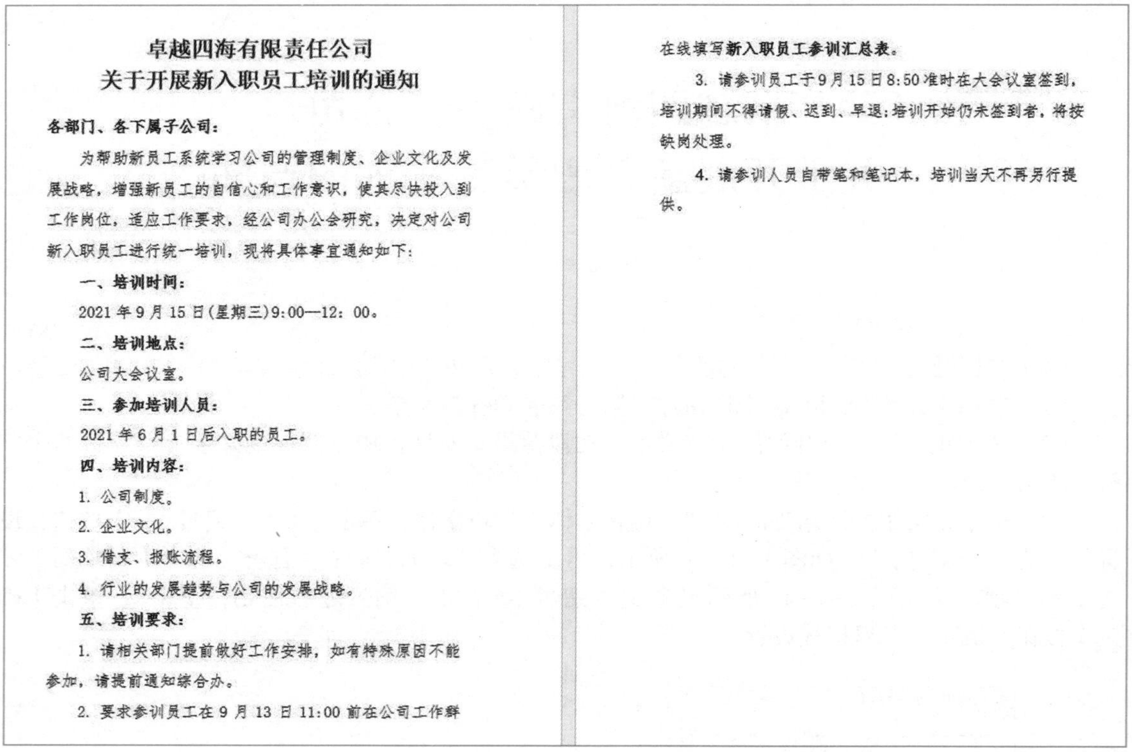

卓越四海有限责任公司
关于开展新入职员工培训的通知

各部门、各下属子公司：

为帮助新员工系统学习公司的管理制度、企业文化及发展战略，增强新员工的自信心和工作意识，使其尽快投入到工作岗位，适应工作要求，经公司办公会研究，决定对公司新入职员工进行统一培训，现将具体事宜通知如下：

一、培训时间：

2021 年 9 月 15 日(星期三)9:00—12：00。

二、培训地点：

公司大会议室。

三、参加培训人员：

2021 年 6 月 1 日后入职的员工。

四、培训内容：

1. 公司制度。
2. 企业文化。
3. 借支、报账流程。
4. 行业的发展趋势与公司的发展战略。

五、培训要求：

1. 请相关部门提前做好工作安排，如有特殊原因不能参加，请提前通知综合办。

2. 要求参训员工在 9 月 13 日 11:00 前在公司工作群在线填写新入职员工参训汇总表。

3. 请参训员工于 9 月 15 日 8:50 准时在大会议室签到，培训期间不得请假、迟到、早退；培训开始仍未签到者，将按缺岗处理。

4. 请参训人员自带笔和笔记本，培训当天不再另行提供。

图 1-1-16　正文排版效果

Step 4：附件排版

在正文后按回车键两次，输入附件文字内容。设置“附件：”字体、字号为黑体、三号，设置附件后两个附件名称的字体、字号为仿宋、三号。

Step 5：单位落款

在附件名称后按回车键三次，输入单位信息和通知时间，选中单位落款文字，设置文本字体、字号为仿宋、三号，右对齐，可以通过拖动标尺中的右缩进 ⌂ 按钮设置单位名称第一行右缩进 4 个字符，第二行右缩进 10 个字符，第三行右缩进 8 个字符。保存文件，主文档制作完成。

## 高手勇拓展

完成如图 1-1-17 所示的《参训汇总表》文档制作效果，源文件见资源文件“ Word 资源 /1-1 资源 / 参培人员汇总表 .docx”，并按照“高手加油站”中多人协作编辑文档的方法在微信群中完成数据填写工作，完成效果如图1-1-18所示。

**卓越四海有限责任公司**
**新入职员工参训汇总表**

| 序号 | 姓　名 | 部　门 | 职　务 | 入职时间 | 联系方式 | 备注 |
|------|--------|--------|--------|----------|----------|------|
|      |        |        |        |          |          |      |
|      |        |        |        |          |          |      |
|      |        |        |        |          |          |      |
|      |        |        |        |          |          |      |
|      |        |        |        |          |          |      |
|      |        |        |        |          |          |      |
|      |        |        |        |          |          |      |
|      |        |        |        |          |          |      |

图1-1-17 《参训汇总表》制作效果

**卓越四海有限责任公司**
**新入职员工参训汇总表**

| 序号 | 姓　名 | 部　门 | 职　务 | 入职时间 | 联系方式 | 备注 |
|------|--------|--------|--------|----------|----------|------|
| 1 | 王晓晴 | 销售部 | 销售专员 | 2021.3.4 | 1860456XXXX | |
| 2 | 李光明 | 销售部 | 销售专员 | 2021.3.4 | 1360442XXXX | |
| 3 | 张天一 | 销售部 | 销售专员 | 2021.5.4 | 1360566XXXX | |
| 4 | 许佳 | 生产部 | 技术员 | 2021.3.4 | 1356956XXXX | |
| 5 | 王美欣 | 生产部 | 技术员 | 2021.5.4 | 1860210XXXX | |
| 6 | 赵虎 | 设计部 | 平面设计师 | 2021.3.4 | 1868656XXXX | |
| 7 | 徐东亮 | 设计部 | 动漫设计师 | 2021.3.4 | 1854245XXXX | |
| 8 | 左小天 | 设计部 | 动漫设计师 | 2021.5.5 | 1854327XXXX | |
| 9 | 艾瑞瑞 | 行政部 | 行政文员 | 2021.5.5 | 1361078XXXX | |

图1-1-18 在线填好的《参训汇总表》

**小贴士**

新建Word文档，使用【插入|表格】的方法插入10行7列表格，并录入表格中的数据，再按照多人协作编辑文档的方法进行微信群多人协作编辑文档，最后将编辑好的文档下载保存。要注意整个排版的页面效果，学会多人协作编辑文档技能。

## Word | 高手速成第二关——制作考核文档

**过关目标：**

　　从制作岗位招聘考核任务书入手，学习 Word 横、纵页面设置，表格编辑，图文混排的方法，并掌握文档编辑中级技能。

### 高手抢"鲜"看

　　各类任务书的设计制作是职场新人必备的办公技能，今天我们一起来设计一份横、纵页面混排的考核任务书。考核任务书的制作效果如图 1-2-1 所示。

卓越四海有限责任公司"平面设计师"岗位招聘考核任务书

二、评分卡

| 序号 | 考核项目 | 考核内容 | 配分 | 评分标准 | 检测结果 | 得分 | 备注 |
|---|---|---|---|---|---|---|---|
| 1 | 文档设置 | 保存文件名称 | 5 | 出现错误不得分 | | | |
| | | 页面尺寸 | 5 | 单位及数值设置错误每项扣2分 | | | |
| | | 色彩模式 | 5 | 设置错误不得分 | | | |
| | | 出血 | 5 | 单位及数值设置错误每项扣2分 | | | |
| 2 | 背景色 | 正确使用渐变、调色 | 10 | 渐变类型错误扣5分 | | | |
| | | | | 渐变色彩误差扣2分 | | | |
| 3 | 云彩 | 钢笔工具、正确使用渐变色 | 20 | 渐变类型错误扣5分 | | | |
| | | | | 渐变色彩错误扣2分 | | | |
| | | | | 云彩数量错误扣3分 | | | |
| 4 | 主体设计 | 导入素材、调整大小、位置 | 20 | 素材是否完整扣3分 | | | |
| | | | | 素材大小每个扣3分 | | | |
| | | | | 是是数量每个扣3分 | | | |
| 5 | 文字质量 | 字体及大小 | 10 | 每项错误扣3分 | | | |
| | | 造型设计 | | 造型误差扣3分 | | | |
| | | 色彩 | | 色彩误差扣2分 | | | |
| 6 | 表格 | 绘制圆角表格的技能 | 15 | 表格分栏扣3分 | | | |
| | | | | 表格字体扣3分 | | | |
| | | | | 表格文字大小扣3分 | | | |
| | | | | 表格文字色彩扣2分 | | | |
| 9 | 画面排版 | 图文位置 | 5 | 图文位置误差扣3分 | | | |
| | | 项目成绩 | | | | | |
| | 监考人 | | | 评分人 | | | |

第2页 共2页

卓越四海有限责任公司"平面设计师"岗位招聘考核任务书

毕业学校及专业：＿＿＿＿＿　　姓名：＿＿＿＿＿　身份证号：＿＿＿＿＿

一、Illustrator 软件 操作任务书
本题分值：100 分　考核时间：60 分钟

| 名 称：活动宣传卡 | 画幅：186×76mm | 出血：3mm | 色彩模式：CMYK　保存格式：AI 与 jpg |
|---|---|---|---|
| | | | 保存名称：自己的姓名+活动宣传卡 |

第1页 共2页

图 1-2-1　考核任务书制作效果

### 高手加油站

　　现代职场人士除了要拥有基本的 Word 排版技能外，还需要掌握在文档中插入分节、修改

表格框线、删除页眉横线、规范表格制作等办公软件操作技巧。

## 1. 页眉和页脚的编辑

页眉和页脚是指在页面顶部和底部重复出现的信息，它可以是页码、日期、标题、公司名称等内容。

（1）设置页眉和页脚的方法。

单击【插入】功能区【页眉和页脚】组的页眉或页脚按钮。

（2）设置页眉的步骤。

1）单击【插入 | 页眉】或【插入 | 页脚】，在图 1-2-2 或图 1-2-3 所示的对话框中选择【编辑页眉】（【编辑页脚】），或者选择任何一种页眉、页脚形式，此时正文呈浅色显示，进入页眉页脚编辑区，如图 1-2-4 所示。

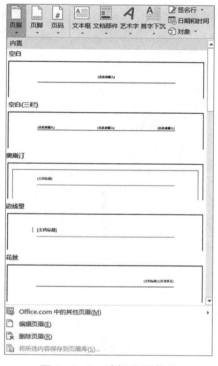

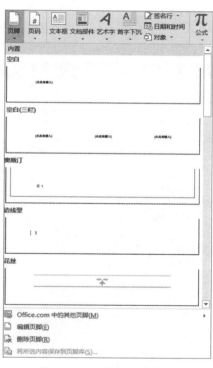

图 1-2-2　选择页眉菜单　　　　　　　　　　图 1-2-3　选择页脚菜单

图 1-2-4　编辑页眉对话框

2）输入页眉或页脚内容：可以在页眉页脚编辑区中直接输入文字或插入图片，也可以选择按钮【□ 首页不同】或【☑ 奇偶页不同】对首页或奇偶页设置不同的页眉或页脚格式。

3）单击【⊠ 关闭页脚和页眉 关闭】按钮返回到文本输入状态，此时页眉页脚区变成浅色。

（3）去除页眉横线的技巧。

以下两种方法都可以轻松去除页眉横线：

1）单击【插入 | 页眉 | 编辑页眉】进入页眉编辑界面，单击【开始 | 清除格式】功能选项卡，清除页眉的横线。

2）选中页眉文字后，单击【开始 | 边框 | 无框线】按钮，设置表格框线不可见，页眉横线即被隐藏。

## 2. 插入分节符

在 Word 中，可以通过插入分节符实现同一文档纵横页面共存的排版效果。具体操作方法为：单击【布局 | 分隔符】，选择"下一页"（如图 1-2-5 所示），则自动插入一页新文档，再使用页面设置对话框（如图 1-2-6 所示）分节设置纸张方向为横向或纵向。

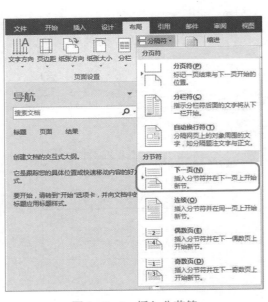

图 1-2-5 插入分节符

图 1-2-6 页面设置对话框

## 3. 修改表格框线

通过以下三种方法可以修改表格的框线：

（1）单击【表格工具设计 | 边框】功能选项卡设置框线（如图 1-2-7 所示）。设置方法为：先将光标置于要设置边框的单元格或选定要设置的表格范围，分别通过【笔颜色】选项卡选定颜色、【边框样式】选项卡设置边框的样式，再通过【笔划粗细】文本框设定边框的粗细，最后单击【边框】选项卡设定要设置的边线（如图 1-2-8 所示），选择要改变框线的框线按钮并单击（如【外部框线】只改变表格的外部框线，【上框线】只改变选中表格的上框线等），则选中的表格部分的框线被所选择

图 1-2-7 边框功能组设置框线

的线型所代替。

（2）通过边框和底纹对话框设置框线。设置的方法同样是先将光标置于要设置边框的单元格或选定要设置的表格范围，单击【表格工具设计|边框】功能组右下角的箭头，出现图1-2-9所示的边框和底纹对话框，根据需要选择边框的样式、颜色、宽度后，单击【确定】按钮即可。

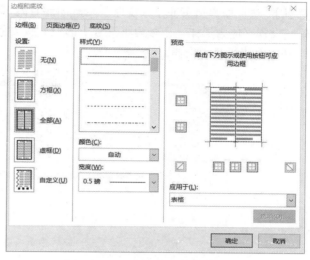

图1-2-8　边框功能选项卡

图1-2-9　边框和底纹对话框

（3）通过右键设置框线。设置的方法是：先将光标置于要设置边框的单元格或选定要设置的表格范围，右击选择【边框样式】（如图1-2-10所示），选中所需要的边框样式，此时出现边框刷图标，它的功能与格式刷类似，只要在需要的边线上单击即可将边框更改为选择的框线类型，设置后再次单击【表格工具设计|边框刷】功能选项卡即可。

图1-2-10　右击选择边框样式菜单

框线改变前后的表格如图1-1-11所示。

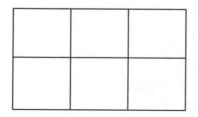
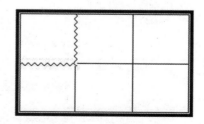

图1-2-11　表格框线改变前后

Step 1：设置页眉页脚

（1）新建 Word 文档，以"考核任务书"为文件名存于姓名文件夹下。单击【插入 | 页眉 | 编辑页眉】，在页眉编辑页面录入文字"卓越四海有限责任公司'平面设计师'岗位招聘考核任务书"，设置字体为黑体、字号为小三号，选中页眉文字，单击【开始 | 边框 | 无框线】，如图 1-2-12 所示，去掉页眉横线。

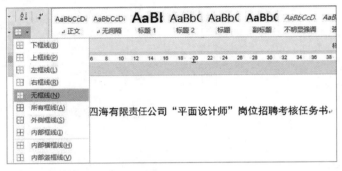

图 1-2-12　编辑页眉

（2）单击【设计 | 页脚 | 编辑页脚】，转至页脚编辑区，单击【设计 | 页码 | 页面底端 | 加粗显示的数字 2】（如图 1-2-13 所示），将 X/Y 形状的页码插入文档中，输入文字，修改插入的页脚为"第 X 页　共 Y 页"，设置页脚为仿宋小四号字，单击【设计 | 关闭页眉和页脚】，完成对页眉页脚的编辑。

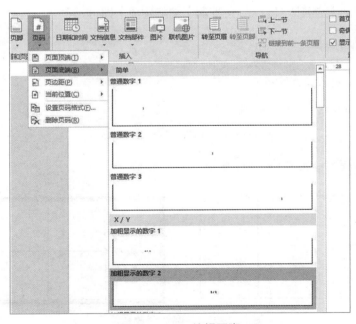

图 1-2-13　编辑页脚

Step 2：设置横、纵页面

单击【布局 | 分隔符】，选择【下一页】，自动插入一页新文档，再单击【布局 | 页面设置】组右下角的对话框启动器，出现页面设置对话框，设置第一页的纸张方向为横向，应用于本节，文档成功分为横纵两页，排版效果如图 1-2-14 所示。

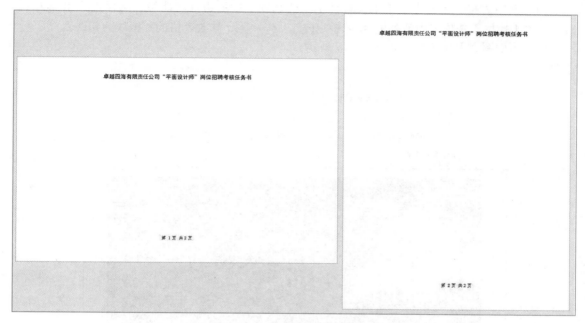

图 1-2-14　纵横页面排版效果

Step 3：编辑横向页面内容

（1）将光标置于第一页，在第一行输入"毕业学校及专业:"等文字内容，每项文字用空格分隔，空格处设置下划线，设置字体等为宋体、五号、加粗、居中、段前段后各一行。在第二行和第三行分别输入样文文字内容，设置首行缩进两个字符，第二行文字加粗，第三行文字不加粗。完成效果如图 1-2-15 所示。

图 1-2-15　横向页面文字排版效果

（2）在第一页第四行单击【插入 | 表格】插入一个两行三列的表格，选中第一行所有单元格，单击【表格工具布局 | 合并单元格】按钮（如图 1-2-16 所示）合并第一行单元格。将光标置于第一行单元格内，右击选择【表格属性】中的【行】选项卡，设置单元格行高为10，单击【插入 | 图片】，插入素材文件"任务书图 .jpg"，选中插入的图片，单击【图片工具格式 | 高度】，在高度框中输入图

图 1-2-16　合并单元格

片高度为 9，单击【表格工具布局 | 水平居中】按钮，设置图片在单元内水平和垂直都居中。

（3）将光标置于表格中的第二行，设置行高为 1.2 厘米，根据样文录入文字内容。注意中英文切换输入，使用【开始 | 段落】选项卡设置第二行第三列文字行距为固定值 16 磅，文字颜色为红色，字体、字号为宋体、小四。

（4）选中表格，单击【表格工具设计】功能选项卡中的边框功能组，选择边框粗细为 1.5磅，单击【边框】选项卡中的外侧框线选项【 ⊞ 外侧框线(S) 】，修改表格的外框线为粗线。

横向页面图文混排效果如图 1-2-17 所示。

图 1-2-17　横向页面图文混排效果

Step 4：编辑竖向页面内容

（1）输入标题：将光标置于第二页第一行，输入文字"二、评分卡"，设置字体字号等为宋体五号加粗、单倍行距、段前段后 0.5 行、首行缩进两个字符。

（2）插入表格：将光标置于第二页第二行，单击【插入 | 表格 | 插入表格…】，插入 23 行 8列的规则表格，如图 1-2-18 所示。

（3）调整列宽：根据内容调整列宽，依据样表内容，选中表格列，右击选择【表格属性】或者通过拖动表格列边线设置列宽，参考列宽为：0.8、2.6、2.6、0.8、4、1.25、1.25、1.3厘米。

（4）合并单元格：设置表格内字体字号为宋体五号，对齐方式为水平中齐，根据样文录入表格文字，对于相同的分数可以按住【Ctrl】键拖动复制到下一单元格。分别选中第一列及第二列的 2～5 行，单击【表格工具布局 | 合并单元格】按钮，合并第一列及第二列的 2～5 行单元格。依此操作，根据样文分别合并第一列、第二列、第四列及第七列的 6～7 行、8～10行、11～13 行、14～16 行、17～20 行，第三列的 6～7 行、8～10 行、11～13 行、17～20 行，合并第 22 行的 1～5 列、6～8 列，合并第 23 行的 1～2 列、3～4 列、6～8列。合并效果如图 1-2-19 所示。（此步骤也可以根据个人习惯边录入文字边合并单元格）

图 1-2-18　插入规则表格

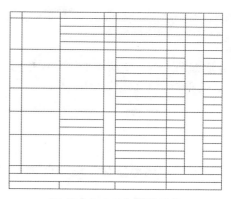

图 1-2-19　合并单元格

（5）录入文字及设置行高：根据样文录入表格文字，单击表格左上角选择表格按钮【⊞_】选中表格，右击选择【表格属性】菜单，在图 1-2-20 所示的对话框中选中【行】选项卡，选中【指定高度】复选框，设置行高为 0.9 厘米，保存表格，第二页排版效果如图 1-2-21 所示。保存文件。

图 1-2-20　设置行高

卓越四海有限责任公司"平面设计师"岗位招聘考核任务书

二、评分卡

| 序号 | 考核项目 | 考核内容 | 配分 | 评分标准 | 检测结果 | 得分 | 备注 |
|---|---|---|---|---|---|---|---|
| 1 | 文档设置 | 保存文件名称 | 5 | 出现错误不得分 | | | |
| | | 页面尺寸 | 5 | 单位及数值设置错误每项扣 2 分 | | | |
| | | 色彩模式 | 5 | 设置错误不得分 | | | |
| | | 出　血 | 5 | 单位及数值设置错误每项扣 2 分 | | | |
| 2 | 背景色 | 正确使用渐变、调色 | 10 | 渐变类型错误扣 5 分 | | | |
| | | | | 渐变色彩误差扣 2 分 | | | |
| 3 | 云　彩 | 钢笔工具、正确使用渐变色 | 20 | 渐变类型错误扣 5 分 | | | |
| | | | | 渐变色彩误差扣 2 分 | | | |
| | | | | 云彩数量错误扣 2 分 | | | |
| 4 | 主体设计 | 导入素材、调整大小、位置 | 20 | 素材不完整扣 3 分 | | | |
| | | | | 素材大小每个扣 3 分 | | | |
| | | | | 星星数量每个扣 3 分 | | | |
| 5 | 文字质量 | 字体及大小 | 10 | 每项错误扣 3 分 | | | |
| | | 造型设计 | | 造型误差扣 3 分 | | | |
| | | 色　彩 | | 色彩误差扣 2 分 | | | |
| 6 | 表　格 | 绘制圆角表格的技能 | 15 | 表格分栏扣 3 分 | | | |
| | | | | 表格字体错误扣 3 分 | | | |
| | | | | 表格文字大小扣 3 分 | | | |
| | | | | 表格文字色彩扣 2 分 | | | |
| 7 | 画面排版 | 图文位置 | 5 | 图文位置误差扣 3 分 | | | |
| 项目成绩 | | | | | | | |
| 监考人 | | | 评分人 | | | | |

第 2 页　共 2 页

图 1-2-21　纵向页面排版效果

高手勇拓展

完成如图 1-2-22 所示的《赛项指南》文档的制作，源文件见资源文件"Word 资源 /1-2 资源 /《赛项指南》制作效果图 .docx"。

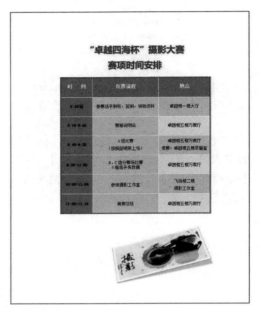

图 1-2-22 《赛项指南》制作效果

小贴士
使用艺术字制作标题，使用"奥斯汀引言文本框"制作主办承办单位，插入图片设计为松散透视样式；插入的表格使用"表格表 5- 深色着色 1"样式，再使用边框样式设定外框线为双实线，设定表格标题行内框线颜色为白色，注意使用分节符设定纵横页混排的排版效果。

# Word 高手速成第三关——设计求职简历

**过关目标：**

从制作求职简历入手，学习在 Word 中插入封面、制作模板、自选图形和插入文本框等方法，掌握文档设计高级技能。

## 高手抢"鲜"看

简历是用来说明个人的工作经历、工作技能以及教育背景等信息的文档。步入职场时，一份设计精美的求职简历就是敲门砖，今天我们一起来完成如图 1-3-1 所示的求职简历的制作。

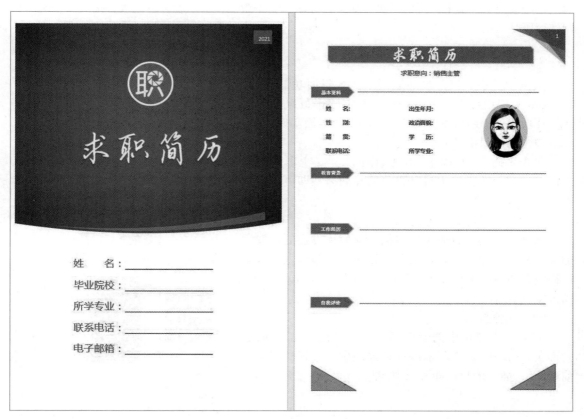

图 1-3-1　求职简历制作效果

高手加油站

在本关，我们将学习插入封面、制作模板等高级技能，让我们一起走进精彩的探秘之旅吧！

## 1. 求职简历制作要点

要想从众多的求职者中脱颖而出，一份新颖、规范的简历是必不可少的。怎样才能让我们的简历被 HR 青睐呢？有以下两点需要注意：

（1）简历内容与求职岗位描述高度契合。

简历内容必须与目标职位的职位描述有很强的相关性，这样才能让 HR 认为求职者是合适的人选。例如样例中应聘的是销售经理岗位，在简历中就要多描述与销售相关的工作经历与工作业绩，若简历中没有体现类似的经历，那求职者可能连面试机会都没有。

（2）简历排版规范清晰，注重细节。

简历的规范格式是两页或一页纸，少于一页纸说明求职者的经历太少，太多会让人觉得简历没有重点。HR 每天要翻阅很多简历，因此求职简历的版式一定要清晰简明，同一级别的内容使用同一种字体字号和颜色，如样例中基本资料、教育背景、工作经历、自我评价就使用了统一的自选图形和分隔线。版面整洁美观，可视性强，可以让 HR 对简历的具体内容产生兴趣。

简历的成败在于细节。中英文标点混杂、有错别字、身高和体重的单位错误等，这些细节方面的问题会给 HR 留下不好的印象。如果目标职位竞争激烈，求职者会因此被直接淘汰，所以在制作简历时一定要注重细节。

## 2. 插入封面

案例中"求职信"页面运用了插入封面功能设计。在 Word 文档设计中，一个精美的封面除了可以使用插入图片功能外，还可以使用插入封面功能轻松实现。

（1）插入封面的方法。

单击【插入|封面】，出现如图 1-3-2 所示的内置封面可选项，单击选中自己喜欢的封面类型即可。案例选择了"离子（深色）"封面。

（2）编辑封面。

封面插入后，首先可以根据封面模板设定的位置添加文档标题、作者、公司名称、制作时间等信息，也可以视同普通文档进行编辑，例如插入图片、插入文本框、输入文字等。

（3）删除封面。

如果对当前选中的封面不满意，可以单击【插入|封面】，在图 1-3-2 所示的插入界面中，选择"删除当前封面"，插入的封面即可以被删除。

## 3. 制作模板

如果我们设计的文档要反复使用，就可以将其中共

图 1-3-2　插入封面菜单

性的部分设计成模板。Word 2016 提供了精美的联机模板，我们只要点击下载就可以直接使用。同时，我们也可以自己动手制作精美的模板，制作步骤如下：

（1）单击【文件 | 选项 | 自定义功能区】，在如图 1-3-3 所示的 Word 选项对话框中选中【开发工具】复选框，单击【确定】按钮。

图 1-3-3　选择【开发工具】复选框

（2）新建一篇 Word 文档，将其中共性的文字录入，设计好字体、字号、颜色等，如图 1-3-4 所示。

**标题宋体二号字加粗居中**

一、　活动主题

二、　活动方案

图 1-3-4　录入文档文字

（3）选中文档中的标题文字，单击【开发工具】中的按钮【Aa】，将标题文字转化为纯文本内容控件。

（4）单击【开发工具 | 属性】按钮，在如图 1-3-5 所示内容控件属性对话框中选择【无法删除内容控件】，依此按图 1-3-6 设置"活动主题"和"活动方案"为纯文本内容控件，设置

控件属性为无法删除、允许回车。

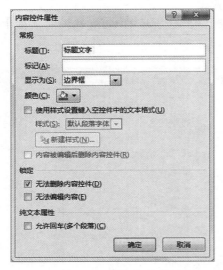

图 1-3-5　设置标题控件属性

图 1-3-6　设置内容文本控件属性

（5）设置后单击【文件|另存为】，在图 1-3-7 所示的另存为对话框中，将文本保存为模板。

> **小贴士**　模板文件的扩展名为"dotx"。对于一些允许更改的文档，也可以不设置控件而直接将 Word 文档保存为模板，后续同样可以直接调用。

（6）单击【文件|新建】，点击【个人】选项卡，可以看到我们保存的模板"简单模板 .dotx"，点击模板可以直接创建基于模板的 Word 文档。在新文档中，对于标题我们可以直接输入新文本替代，对于文档中的不可编辑的内容则不能修改。使用模板创建的文档如图 1-3-8 所示。

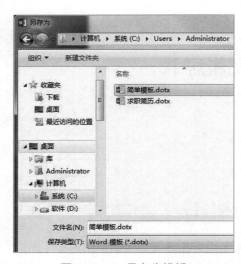

图 1-3-7　另存为模板

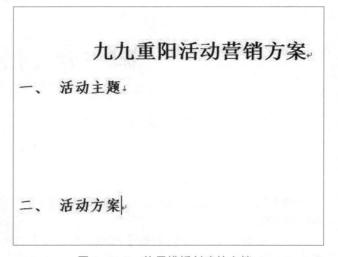

图 1-3-8　使用模板创建的文档

**高手大闯关**　　　　扫一扫！看精彩视频　　

Step 1：插入封面

（1）新建 Word 文档，以"求职简历 .docx"存于姓名文件夹下，单击【插入 | 封面 | 离子（深色）】，选中蓝色图形，拖动图形边缘扩大至页面。

（2）修改年份文本框的大小，在日期选取器内容控件中选择年份，单击【开始 | 居中】按钮，调整控件居中对齐，制作效果如图 1-3-9 所示。

图 1-3-9　插入封面并选择年份效果

Step 2：编辑封面

（1）单击【插入 | 文本框 | 简单文本框】，插入简单文本框，在文本框中录入文字"求职简历"，文字大小设置为 80 号字，选择一种字体（样例中选取全新硬笔行书简体），设置字体颜色为白色，右击文本框，选择【设置形状格式】，在如图 1-3-10 所示的任务窗格中，设置形状选项为无填充、无线条，设置文本框选项为透明文本框，调整文本框至样图位置。

（2）分别选中"文档标题""文档副标题""公司名称公司地址"文本框，单击【Delete】键删除。

（3）单击【插入 | 文本框 | 简单文本框】，在文本框中输入姓名、毕业院校、所学专业、联系电话、电子邮箱等信息，设置文本为微软雅黑、二号、蓝色个性色 1，在文字后面的空格处添加下划线，设置文本框为透明文本框，拖动文本框至页面白色底图处。

（4）将光标定位于页面回车符处，单击【插入 | 图片】插入资源文件"Word 资源 /1-3 资源 /1.jpg"图片，单击【图片工具

图 1-3-10　设置透明文本框

格式 | 环绕文字】设置图片环绕方式为浮于文字上方，拖动图片至样图位置。

Step 3：编辑封面控件

（1）根据制作求职简历需要，分别选择不需要改变的文字内容，如"求职简历""姓　名："等，单击【开发工具】功能选项卡，单击【格式文本内容控件】，将其转化为控件。

（2）单击【开发工具 | 属性】按钮，设置其是否可以编辑修改，对于可以修改的内容也可以不设置成控件。

封面页制作效果如图 1-3-11 所示。

图 1-3-11　封面页制作效果

Step 4：插入内页页眉

将光标置于第二页页面，单击【插入 | 页眉】，如图 1-3-12 所示，选择【平面（奇数页）】，再选中页眉横线，单击【开始 | 边框 | 无边框】按钮，去掉页眉横线。制作效果如图 1-3-13 所示。

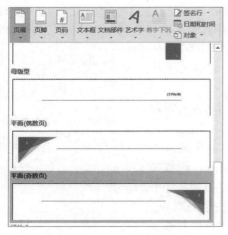

图 1-3-12　插入页眉

图 1-3-13　插入页眉后文档效果

Step 5：编辑内页页面

（1）将光标置于内页页面，单击【插入 | 形状 | 单圆角矩形】，如图 1-3-14 所示，在内页面中插入单圆角矩形，右击插入的自选图形，选择【设置形状格式】，在任务窗格中，选择设置填充颜色为深蓝、文字 2、淡色 40%，边线颜色为蓝色、个性色 1、淡色 60%。

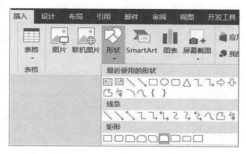

图 1-3-14　插入形状

（2）单击【插入 | 艺术字】，选择第三行第一列艺术字样式插入文档中（也可以自行设计艺术字样式），修改文字内容为"求职简历"；设置艺术字为小初号字、华文新魏字体；右击选择【设置形状格式】，选择【文本选项】，设置艺术字填充颜色为白色、无边线填充，移动艺术字于自选图形上方；单击【插入 | 文本框 | 简单文本框】插入简单文本框，输入文字"求职意向：销售主管"，设置字体字号等为微软雅黑、四号字、蓝色、个性色 1、深色 25%，调整文本框位置。内页标题制作效果如图 1-3-15 所示。

图 1-3-15　内页标题制作效果

（3）单击【插入 | 形状 | 五边形】，插入简历导航条，右击依照 Step 5(1) 设置自选图形方法设置五边形的填充颜色为深蓝、文字 2、淡色 40%，边线颜色为蓝色、个性色 1、淡色 60%。右击添加文字"基本资料"，设置文字为宋体、五号、白色；单击【插入 | 形状 | 直线】，插入导航条右侧直线（按住 Shift 键拖动可以绘制水平直线），右击设置线型为双线、2.25 磅、深蓝、文字 2、淡色 40%。设置方法如图 1-13-16 所示。

（4）单击【插入 | 文本框 | 简单文本框】插入简单文本框，选中导航条、导航线及文本框，右击选择【组合】，组合后按住【Ctrl】键拖曳复制三次；选中复制的内页内容，单击【绘图工具格式 | 对齐】，单击图 1-3-17 中的【左对齐】和【纵向分布】，调整复制的内容对齐分布；修改复制后的导航条内文字分别为：教育背景、工作经历、自我评价，取消"基本资料"导航组合，增加"基本资料"文本框高度，使其高度大于其他三个文本框，制作效果如图 1-13-18 所示。

图 1-3-16 设置直线线型

图 1-3-17 设置组合图形对齐

（5）在第一个文本框中插入一个 4 行 5 列的表格，设置表格内文字为微软雅黑、小四、蓝色、个性色 1、深色 25%，根据样例适当调整列宽，合并第 5 列单元格，在第 5 列中插入圆形自选图形，右击圆形，在图 1-3-10 所示的任务窗格中，选择填充为【图片或纹理填充】，单击【文件】，选择资源文件"Word 资源 /1-3 资源 / 简历照片 2.jpg"，将照片插入表格单元格中。基本资料排版效果如图 1-13-19 所示。

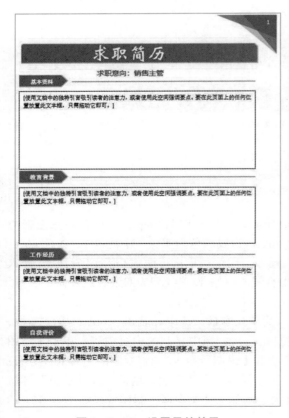

图 1-3-18 设置导航效果

图 1-3-19 基本资料排版效果

Step 6：修饰内页页面

（1）分别选中内页的四个文本框、一个自选图形圆形，右击将它们的边线都设置成透明，选中表格，单击表格框线，将它的边线也设置成透明。

（2）单击【插入 | 形状 | 直角三角形】，在页脚插入直角三角形，右击设置三角形的填充颜色为蓝色、个性色 1、淡色 40%，边线颜色为深蓝、文字 2、淡色 40%，按住【Ctrl】键复制一个三角形，单击【绘图工具格式 | 旋转 | 水平翻转】，调整复制后的三角形至右下角。内页排版效果如图 1-3-20 所示。

图 1-3-20　内页排版效果

Step 7：编辑内页控件

依照 Step 3 的制作方法，首先右击取消教育背景、工作经历、自我评价的组合导航部分，再根据编辑需要分别选中相关内容设置成可编辑或者不可编辑的文本控件，样例中设置了标题与导航条的文字为不可编辑、不可删除的格式文本内容控件。

设置控件后单击【文件 | 另存为】保存文件，文件类型设置为【Word 模板】。至此，样例制作完成。

 高手勇拓展

单击【文件 | 新建】，在个人选项卡下以"求职简历"为模板创建一份个人简历，完成

效果如图 1-3-21 所示。制作效果文档见资源文件"Word 资源 /1-3 资源 / 制作好的求职简历 .docx"。

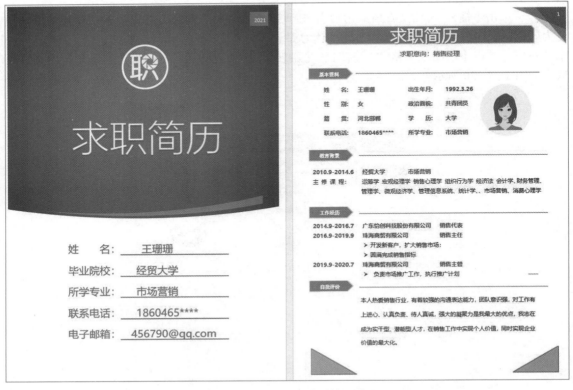

图 1-3-21　完成的个人简历效果

小贴士　使用模板创建文档时，要注意自行录入文字的字体格式，同一级别文字的对齐方式及字体大小要一致，可以通过无边线的表格、制表符或空格来调整页面内容；对于个人照片，可右击自选图形的填充图片直接替换；对于不能修改的部分，可以先修改模板的【开发工具|属性】选项卡的权限设置。

**高手速成第四关——绘制招聘海报**

**过关目标：**

从制作招聘海报入手，学习在 Word 中插入背景、打印背景、编辑自选图形、编辑艺术字等图文混排技能。

高手抢"鲜"看

公司要设计一份招聘海报，且看 Word 高手是如何实现的（制作效果如图 1-4-1 所示）。

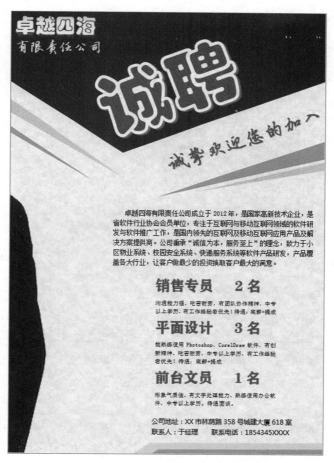

图 1-4-1　招聘海报制作效果

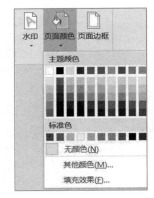

高手加油站

在本关，我们将学习设置打印背景、修改形状顶点等图文混排的高级技能，尽管我们不是专业的美工，但同样可以运用 Word 在设计领域大显身手。

## 1. 插入背景

单击【设计 | 页面颜色】功能选项卡，如图 1-4-2 所示，可以将 Word 页面设置成不同的颜色，单击【填充效果】菜单，出现如图 1-4-3 所示的填充效果对话框，可以对页面设置渐变、纹理、图案、图片的背景效果，样例使用了纹理选项卡中的"羊皮纸"纹理效果。

图 1-4-2　设置页面颜色选项卡

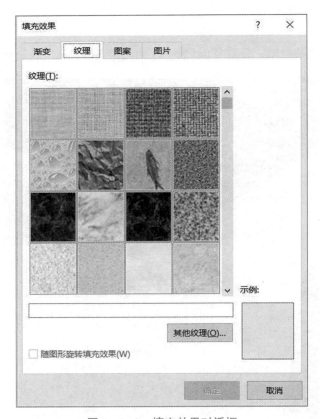

图 1-4-3　填充效果对话框

## 2. 打印背景

在设置了页面背景后，通常打印时不能打印出文档设置的页面背景色或图像，如果要将背景色或背景图片打印出来，单击【文件 | 选项 | 显示】命令，在"打印选项"中勾选"打印背景色和图像"复选框即可（如图 1-4-4 所示）。

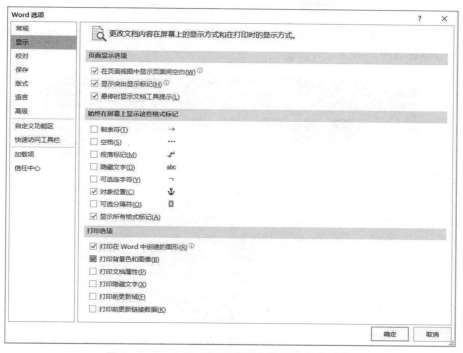

图 1-4-4　勾选"打印背景色和图像"复选框

## 3. 编辑形状

（1）绘制形状。

单击【插入|形状】功能选项卡，出现如图 1-4-5 所示的选择界面，单击绘图所需要的工具按钮，会发现鼠标指针变为"＋"形状。将鼠标指针移动到文档需要画图处，拖动鼠标绘出相应的图形，松开鼠标后，绘图工作即完成（如图 1-4-6 所示）。

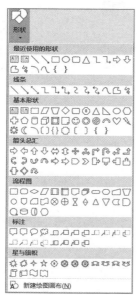

图 1-4-5　选择绘制形状

图 1-4-6　绘制形状示例

（2）修改形状。

对绘制好的形状双击，会出现如图1-4-7所示的绘图工具格式选项卡，可以在格式选项卡中对形状进行编辑修改。

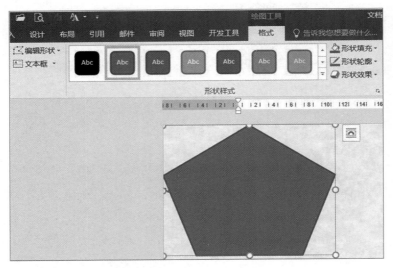

图1-4-7　绘图工具格式选项卡

1）编辑顶点：单击【 编辑形状 】选项卡，出现如图1-4-8所示的编辑形状对话框，此时可以更改输入的形状类型，也可以通过编辑顶点的方式对绘制形状进行调整。编辑顶点的方法为选中顶点，按住鼠标左键进行拖动调整，调整好后松开鼠标即可。样例中的"诚聘"背景就是通过旋转、编辑顶点（如图1-4-9所示）、填充颜色等将图1-4-7所示的五边形调整为图1-4-10所示的背景多边形的。

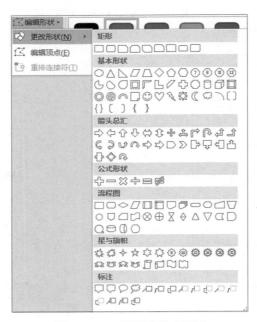

图1-4-8　编辑形状对话框

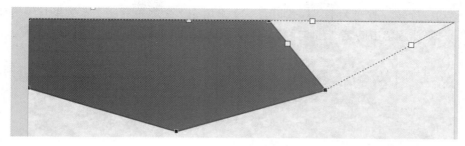

图 1-4-9　编辑顶点示例

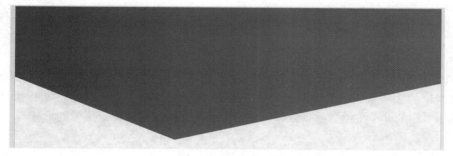

图 1-4-10　编辑顶点后的五边形

2）形状及轮廓填充：选择【绘图工具格式 | 形状填充 】或【绘图工具格式 | 形状轮廓 】选项卡，此时可以对形状的内部或轮廓进行颜色、图片、渐变、纹理等填充。也可以右击【形状】，选择【设置形状格式】，或者单击图 1-4-7 所示的【形状样式】右下角箭头的对话框启动器，在如图 1-4-11 所示的设置形状格式任务窗格中进行形状的填充和线条颜色、线型等的设置。

图 1-4-11　设置形状格式窗格

## 4. 编辑修改艺术字

单击【插入 | 艺术字】后，可以对艺术字进行编辑修改，修改前要先选中艺术字。艺术字

的选择、移动、旋转、改变大小、样式设置、文本填充、文本轮廓、文本效果与编辑设置形状基本一致，只要注意单击的是"艺术字样式"功能选项组（如图 1-4-12 所示）即可。

图 1-4-12 "艺术字样式"功能选项组

 高手大闯关 扫一扫！看精彩视频

Step 1：插入背景

新建 Word 文档，以"招聘海报 .docx"存于姓名文件夹下，单击【设计|页面颜色】，在图 1-4-2 所示的选项卡中单击【填充效果】按钮，在图 1-4-3 所示的填充效果对话框中选中【纹理】选项卡中的"羊皮纸"纹理效果，单击【确定】按钮完成背景图像的设置。

Step 2：设置打印背景

单击【文件|选项|显示】命令，在"打印选项"中勾选"打印背景色和图像"复选框，设置方法如图 1-4-4 所示，单击【确定】按钮完成设置。单击【文件|打印】生成打印背景图像效果如图 1-4-13 所示。

图 1-4-13 打印背景图像效果

小贴士 为了使打印效果更完美，本案例可以根据打印效果调整页边距，如样文调整左侧页边距为 4.5 厘米，打印效果最佳。读者在设计时可以根据版面情况调节页边距。

Step 3：插入形状构建页面布局

此部分为设计的核心内容，主要是通过编辑形状顶点来形成页面布局效果，分为以下三部分完成。

（1）编辑页底。

单击【插入|形状|矩形】，在页面底端插入矩形；选中插入的矩形，单击【绘图工具格式|编辑形状|编辑顶点】，选中插入矩形的左下顶点向左侧拖动，改变矩形形状为如图 1-4-16 所

示的四边形形状；右击四边形选择【设置形状格式】菜单，按照图 1-4-14 所示的自定义颜色设置自定义金色填充（也可以根据自身喜好选择其他颜色填充）；选择四边形线条为"无线条"。将金色四边形调整至页底位置，按住【Ctrl】键拖动复制一个四边形，按照图 1-14-15 所示的颜色设置绿色填充，调整绿色四边形的大小和编辑顶点，形成如图 1-4-16 所示页底修饰。

图 1-4-14　金色颜色设置

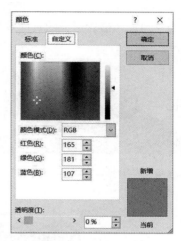

图 1-4-15　绿色颜色设置

图 1-4-16　页底编辑效果

（2）编辑页首。

单击【插入|形状|五边形】，在页首插入五边形，选中插入的五边形，单击【绘图工具格式|编辑形状|编辑顶点】，按照图 1-4-9 所示的拖动顶点方法分别编辑五边形的五个顶点，右击按照图 1-4-17 所示设置填充的自定义颜色（深绿色），取消五边形边线，最后形成如图 1-4-10 所示的页首编辑效果图。

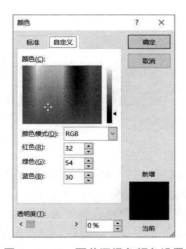

图 1-4-17　页首深绿色颜色设置

（3）编辑修饰线条。

单击【插入|形状|三角形】，在页面中部插入三角形，选中插入的三角形，单击【绘图工具格式|编辑形状|编辑顶点】，按照图 1-4-18 所示的拖动顶点方法调整三角形的形状如图 1-4-19 所示，再拖动旋转手柄改变三角形的旋转方向，设置三角形填充为金色、无边线；复制制作好的三角形，调整大小，设置填充颜色为绿色、无边线；同理，通过复制、旋转制作右侧的两个三角形，最后形成的页面效果如图 1-4-20 所示。

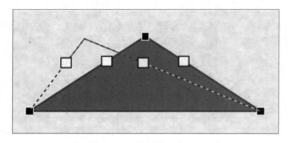
图 1-4-18　编辑三角形顶点

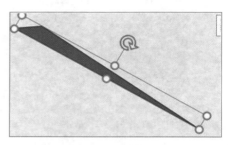
图 1-4-19　旋转三角形

图 1-4-20　插入形状后的页面效果

Step 4：插入艺术字制作 LOGO

（1）单击【插入|艺术字】，选择第三行第一列艺术字格式插入艺术字，输入文字内容"诚聘"，设置艺术字大小为 130、华文琥珀字体，右击【艺术字】，选择【设置形状格式】，设置艺术字文本填充颜色为深红色，文本边框为白色，宽度为 6 磅（设置方法如图 1-4-21 所示）；拖动艺术字的旋转手柄，将艺术字随背景图片方向旋转，制作效果如图 1-4-22 所示。

图 1-4-21　设置艺术字填充

图 1-4-22　完成的艺术字效果一

（2）再次单击【插入 | 艺术字】，选择第三行第二列艺术字格式插入艺术字，输入文字内容"诚挚欢迎您的加入"，设置艺术字大小为小初号字、全新硬笔行书简字体，右击【艺术字】，选择【设置形状格式】，设置艺术字文本填充颜色为深红色，无文本边框；单击【绘图工具格式 | 文本效果 | 阴影 | 阴影选项】，设置文字阴影颜色为金色（如图 1-4-23 所示）；拖动艺术字的旋转手柄将艺术字随背景图片方向旋转，制作效果如图 1-4-24 所示。

图 1-4-23　设置艺术字阴影

图 1-4-24　完成的艺术字效果二

（3）再次单击【插入 | 艺术字】，选择第二行第二列艺术字格式插入艺术字，输入文字内容"卓越四海"，设置艺术字大小为小初号字、华文琥珀字体，右击【艺术字】，选择【设置形状格式】，设置艺术字文本填充颜色为金色-黄色-白色的渐变，无文本边框（如图 1-4-25 所示），单击【绘图工具格式 | 环绕文字 | 浮于文字上方】，设置艺术字环绕方式为"浮于文字上方"；复制"诚挚欢迎您的加入"艺术字，修改文字内容为"有限责任公司"，右击【艺术字】，

选择【设置形状格式】，设置艺术字文本填充颜色为黄色、无文本边框，再单击【绘图工具格式 |
文本效果 | 阴影 | 无阴影】选项卡，取消艺术字阴影设置，同样设置艺术字环绕方式为"浮于文
字上方"，完成效果如图 1-4-26 所示。

图 1-4-25　设置艺术字渐变填充　　　　　　图 1-4-26　完成的艺术字效果三

**Step 5：插入图片美化页面**

单击【插入 | 图片】，选择资源文件" Word 资源 /1-4 资源 / 招聘人员 .png"插入文档中，
单击【绘图工具格式 | 环绕文字 | 浮于文字上方】，设置图片环绕方式为"浮于文字上方"，调整
图片的大小与位置，效果如图 1-4-27 所示。

图 1-4-27　插入图片后的文档效果图

Step 6：插入文本框突出主题

（1）单击【插入 | 文本框 | 简单文本框】，插入简单文本框，输入企业简介文字内容（文字内容可以在资源文件"Word 资源 /1-4 资源 / 招聘海报文字内容 .docx"中复制），设置字体字号为宋体小四、行距固定值 18 磅，段首缩进两个字符，右击文本框选择【设置形状格式】，设置文本框形状选项无线条、无填充。

（2）单击【插入 | 文本框 | 简单文本框】，插入第二个简单文本框，输入招聘人员要求，设置主体文字为方正粗黑宋简体、一号字、深红色；设置辅助文字为宋体、五号字；调整文本框的位置并设置文本框为透明文本框。

（3）单击【插入 | 文本框 | 简单文本框】，插入第三个简单文本框，录入招聘联系人信息，设置文字为微软雅黑、小四，透明文本框。

（4）保存文件，样例制作完成。

## 高手勇拓展

完成"企业简介"图文混排文档设计，如图 1-4-28 所示。制作效果文档见资源文件"Word 资源 /1-4 资源 / 企业简介 .docx"。

> **小贴士**
>
> 使用【水印】将公司名称设置为页面背景；通过编辑形状生成页面布局，其中标题形状使用【绘图工具格式 | 形状效果 | 棱台 | 角度】的特殊形状效果；插入资源图片并进行图片样式设置；企业简介使用艺术字编辑；主体文字设置文本框背景颜色"水绿色"，按照图 1-4-29 所示设置文本框中文字与文本框的距离；调整整体页面布局，达到规范美观。

图 1-4-28 完成的企业简介效果

图 1-4-29 设置文本框内文字边距

# Word 高手速成第五关——批量生成奖状

**过关目标：**

本关通过批量奖状的制作，学习 Word 中的图文混排及邮件合并技能。

## 高手抢"鲜"看

公司要把演讲比赛中的奖状打印出来，办公高手会利用 Word 自动生成奖状，制作效果如图 1-5-1 所示。

图 1-5-1 批量奖状生成效果

高手加油站

在本关，我们将学习邮件合并及页面边框设置等高级办公技巧，并继续提升图文混排方面的技能。

## 1. 邮件合并

Word 中的邮件合并功能在现代办公自动化方面用处很大，使用邮件合并功能可大大提高工作效率。只要是一个标准的二维数据表，人们就可以很方便地按一个记录一页的方式用 Word 中的邮件合并功能打印出来。

（1）邮件合并应用领域。

1）批量打印请柬、邀请函。

2）批量打印信封：按统一的格式，将数据表中的邮编、收件人地址和收件人打印出来。

3）批量打印信件：主要是从电子表格中调用收件人，每封信寄给不同的收件人，信件内容基本固定不变。

4）批量打印工资条：根据数据表中的数据生成单位每个员工的工资条。

5）批量打印个人简历：从数据表中调用不同字段数据，每人一页。

6）批量打印学生成绩单：从成绩数据表格中取出个人信息，并设置评语字段，编写不同的评语。

7）批量打印各类获奖证书：在数据表中设置姓名、获奖名称和等级，在 Word 中设置打印格式，可以打印众多证书（如样例）。

8）批量打印准考证、明信片等。

（2）邮件合并方法。

1）在 Office 中，先建立两个文档：一个包括所有文件共有内容的主文档（通常是 Word 文件，如图 1-5-2 所示）和一个包括变化信息的数据源（通常是 Excel 文件，如图 1-5-3 所示），然后使用邮件合并功能在主文档中插入变化的信息，合成后的文件用户可以保存为 Word 文档，可以打印出来，也可以以邮件形式发送出去。

| 准 考 证 | |
|---|---|
| 姓　　名 | 性　　别 |
| 学　　号 | |
| 准考证号 | |
| 所在院系 | |
| 考试地点 | |

图 1-5-2　主文档示意图

| 序号 | 学号 | 姓名 | 性别 | 院系 | 准号证号 | 考试地点 |
|---|---|---|---|---|---|---|
| 1 | JG034 | 李桂美 | 女 | 经济管理系 | 12015657 | 丽航楼501 |
| 2 | JG035 | 汤灵灵 | 女 | 经济管理系 | 12015668 | 丽航楼502 |
| 3 | JG036 | 张馨月 | 女 | 经济管理系 | 12015686 | 丽航楼503 |
| 4 | JG037 | 杨天一 | 男 | 经济管理系 | 12015635 | 丽航楼504 |
| 5 | JSJ121 | 李馨月 | 女 | 计算机系 | 12014623 | 风扬楼302 |
| 6 | JSJ122 | 马丽瑶 | 女 | 计算机系 | 12014667 | 风扬楼303 |
| 7 | JSJ123 | 赵艳艳 | 女 | 计算机系 | 12014635 | 风扬楼304 |
| 8 | JSJ124 | 张婉璇 | 女 | 计算机系 | 12014687 | 风扬楼305 |
| 9 | JSJ125 | 刘立贺 | 男 | 计算机系 | 12014635 | 风扬楼306 |
| 10 | JSJ126 | 李刚 | 男 | 计算机系 | 12014600 | 风扬楼307 |

图 1-5-3　数据源示意图

2）打开主文档文件"准考证 .docx"，在 Word 中单击【邮件|开始邮件合并】，可以选择【邮件合并分步向导】或者直接使用功能选项卡的方法完成邮件合并，如图 1-5-4 所示。

图 1-5-4　选择邮件类型

3）如果上一步选择了【邮件合并分步向导】，此时只要在右下角分别单击【开始文档｜选择收件人｜撰写信函】，便弹出如图 1-5-5 所示的选取数据源对话框；如果上一步选择了【普通 Word 文档】，则直接弹出选取数据源对话框。

图 1-5-5　选取数据源对话框

4）在如图 1-5-5 所示的选取数据源对话框中选择数据源文件，本例选择资源文件中的"准考证数据 .xlsx"，选择表格对话框如图 1-5-6 所示。如果前面的步骤中选择了【邮件合并分步向导】，单击【确定】按钮后还将出现如图 1-5-7 所示的选择收件人界面，此时可以使用复选框添加或删除收件人；如果前面的步骤中使用了【普通 Word 文档】选项，则只出现如图 1-5-6 所示的界面。

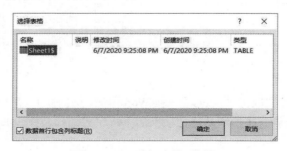

图 1-5-6　选择表格对话框

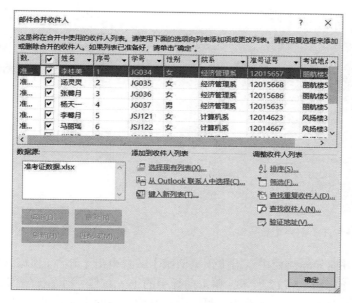

图 1-5-7　邮件合并收件人对话框

小贴士　构建数据源文件时要采用标准的表格形式，不要出现合并单元格样式，避免调用时字段无法显示。

5）将光标置于需要放置字段的位置，如"姓名"右侧的单元格，单击【邮件|插入合并域】，如图 1-5-8 所示，此时数据源中的字段会出现在合并域中，选择"姓名"字段单击插入；依照此方法移动光标至主文档的其他单元格，单击【邮件|插入合并域】插入其他字段，选中插入的字段设置居中对齐，插入后效果如图 1-5-9 所示。此处的插入合并域还可以使用如图 1-5-10 所示的邮件合并向导撰写信函来完成，单击【其他项目】，出现如图 1-5-11 所示的插入合并域对话框，选择需要插入的字段，单击【插入】按钮插入。这两种方法的效果一样。

图 1-5-8　插入合并域选项

| 准 考 证 | | | |
|---|---|---|---|
| 姓　名 | 《姓名》 | 性　别 | 《性别》 |
| 学　号 | 《学号》 | | |
| 准考证号 | 《准号证号》 | | |
| 所在院系 | 《院系》 | | |
| 考试地点 | 《考试地点》 | | |

图 1-5-9　插入合并域后效果

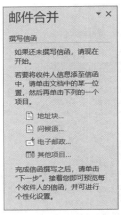

图 1-5-10 【邮件合并】向导【撰写信函】选项　　　图 1-5-11 向导中的插入合并域对话框

6）在邮件合并向导导航栏中点击【预览信函】或者单击【邮件 | 预览结果】按钮，可以看到合并后的文档，如图 1-5-12 所示，单击向导中的 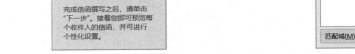 左右按钮或者【邮件】选项卡中的【 ◀◀ 2 ▶ ▶▶ 】记录按钮，可以查看其他记录的生成效果。

| 准 考 证 | | | |
|---|---|---|---|
| 姓　　名 | 李桂美 | 性　　别 | 女 |
| 学　　号 | JG034 | | |
| 准考证号 | 12015657 | | |
| 所在院系 | 经济管理系 | | |
| 考试地点 | 丽航楼 501 | | |

图 1-5-12 合并后的文档效果

7）单击向导中的【完成合并】，再单击【打印】，或者单击【邮件 | 完成并合并 | 打印文档】，则可以直接将合并后的文档打印出来；如果单击向导中的【完成合并】，再单击【编辑单个信函】，或者单击【邮件 | 完成并合并 | 编辑单个文档】，则出现如图 1-5-13 所示的合并到新文档对话框，选择所需要的记录，单击【确定】按钮，则合并后的文档生成一个新的 Word 文档，可以修改新文档中的分页符，调整表格位置，最后生成一页多个表格的文档效果（如图 1-5-14 所示）。

图 1-5-13 合并到新文档对话框

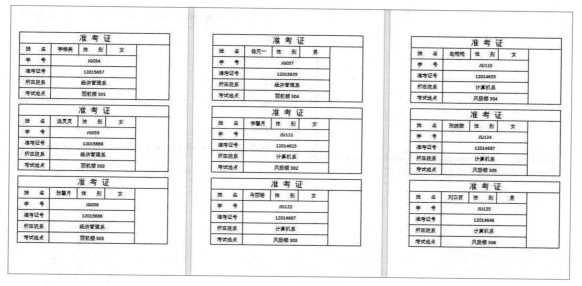

图 1-5-14　生成新文档效果

## 2. 页面边框

对文档设置页面边框可以使文档更加美观、醒目，设定方法为单击【设计 | 页面边框】选项卡，出现如图 1-5-15 所示的边框与底纹对话框。

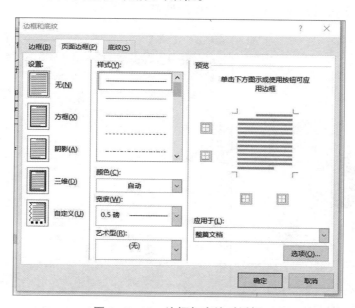

图 1-5-15　边框与底纹对话框

页面边框主要是设置整个页面的边框，可以设置成方框、阴影、三维、自定义等类型，如果选择"样式"下各种线型进行设置，可以使页面边框由各种线构成；如果选择"艺术型"，可以将页面边框设置成由图案或设计好的图形构成，让页面设置更具有独特的魅力，图 1-5-16 展示了两种页面边框的显示效果。

（a）普通型页面边框　　　　　　　　（b）艺术型页面边框

图 1-5-16　页面边框

高手大闯关　　　　扫一扫！看精彩视频

Step 1：制作奖状

（1）新建 Word 文档，以"荣誉证书.docx"存于姓名文件夹下，单击【布局 | 纸张方向 | 横向】，设置文档为横向页面，单击【设计 | 页面颜色 | 其他颜色】，按照图 1-5-17 所示的自定义颜色进行设置，设置页面的背景颜色为淡黄色，单击【确定】按钮完成设置。

（2）单击【设计 | 页面边框】，按照图 1-5-18 所示选择艺术型页面边框，设置边框颜色为橙色，单击【确定】按钮完成艺术型页面边框的设置。

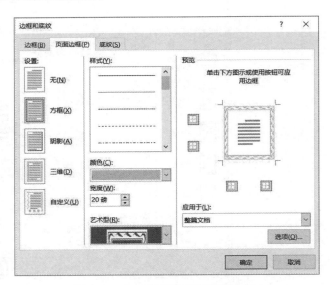

图 1-5-17　设置奖状背景颜色　　　　图 1-5-18　设置艺术型页面边框

（3）在文档中单击【插入 | 艺术字】，选择第三行第二列艺术字类型插入，设置艺术字为华文行楷、80 号字，颜色为深红色；单击【绘图工具格式 | 文本效果 | 阴影 | 阴影选项】，在图 1-5-19 所示的界面设置阴影颜色为白色、背景 1、深色 15%，调整艺术字位置居中，完成效果如图 1-5-20 所示。

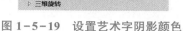

图 1-5-19　设置艺术字阴影颜色

图 1-5-20　艺术字完成效果

（4）输入正文内容：文字"姓名"设置为华文行楷、小初号字，"姓名"后"："设置为宋体，小初号字；文字"在……中荣获："设置为宋体、一号字、左缩进四个字符；文字"奖项"设置为华文行楷、72 号字、居中对齐；文字"特发……鼓励！"设置为宋体、一号字、左缩进四个字符；公司名称和日期设置为华文行楷、小一号字、右对齐。

荣誉证书制作效果如图 1-5-21 所示。

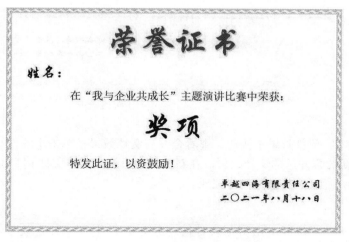

图 1-5-21　荣誉证书制作效果

Step 2：邮件合并

（1）保存文件，单击【邮件|开始邮件合并】，选择【普通 Word 文档】选项。

（2）单击【邮件|选择收件人|使用现有列表】，选择资源文件"Word 资源/1-5 资源/演讲比赛成绩单 .xlsx"，如图 1-5-22 所示，单击【确定】按钮。

（3）选中文字"姓名"，单击【邮件|插入合并域|姓名】，如图 1-5-23 所示，将演讲比赛成绩单文档中的字段"姓名"插入荣誉证书文件"姓名"文字处；选中文字"奖项"，单击【邮件|插入合并域|奖项】，将演讲比赛成绩单文档中的字段"奖项"插入荣誉证书文件"奖项"文字处，完成效果如图 1-5-24 所示。

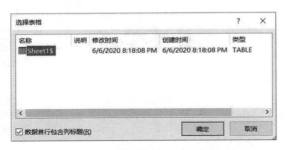

图 1-5-22　邮件合并选择数据源　　　　图 1-5-23　插入姓名字段

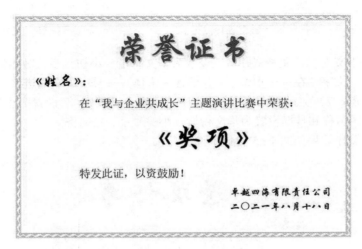

图 1-5-24　插入合并域后的文档

（4）单击【邮件 | 预览效果】按钮，查看合并后文档效果；单击【邮件 | 完成并合并 | 编辑单个文档】，生成新的合并后的文档，可以在新文档中直接单击【文件 | 打印】来打印文档，也可以修改保存文档。至此，样例的制作完成。

小贴士　生成的新文档中不显示源文件的背景色，但不影响打印效果。可以在新文档中单击【设计 | 页面颜色】，任意选择一种页面颜色，再按【Ctrl+Z】撤消操作，这样源文件中的页面背景颜色就可以显示出来了。

高手再拓展

　　按照"高手加油站"中准考证邮件合并的制作方法，编辑"准考证 .docx"文档，使用资源文件"Word 资源 /1-5 资源 / 准考证数据 .xlsx"作为数据源，最终生成如图 1-5-25 所示的邮件合并文档（制作效果文件见资源文件"Word 资源 /1-5 资源 / 准考证完成文件 .docx"）。

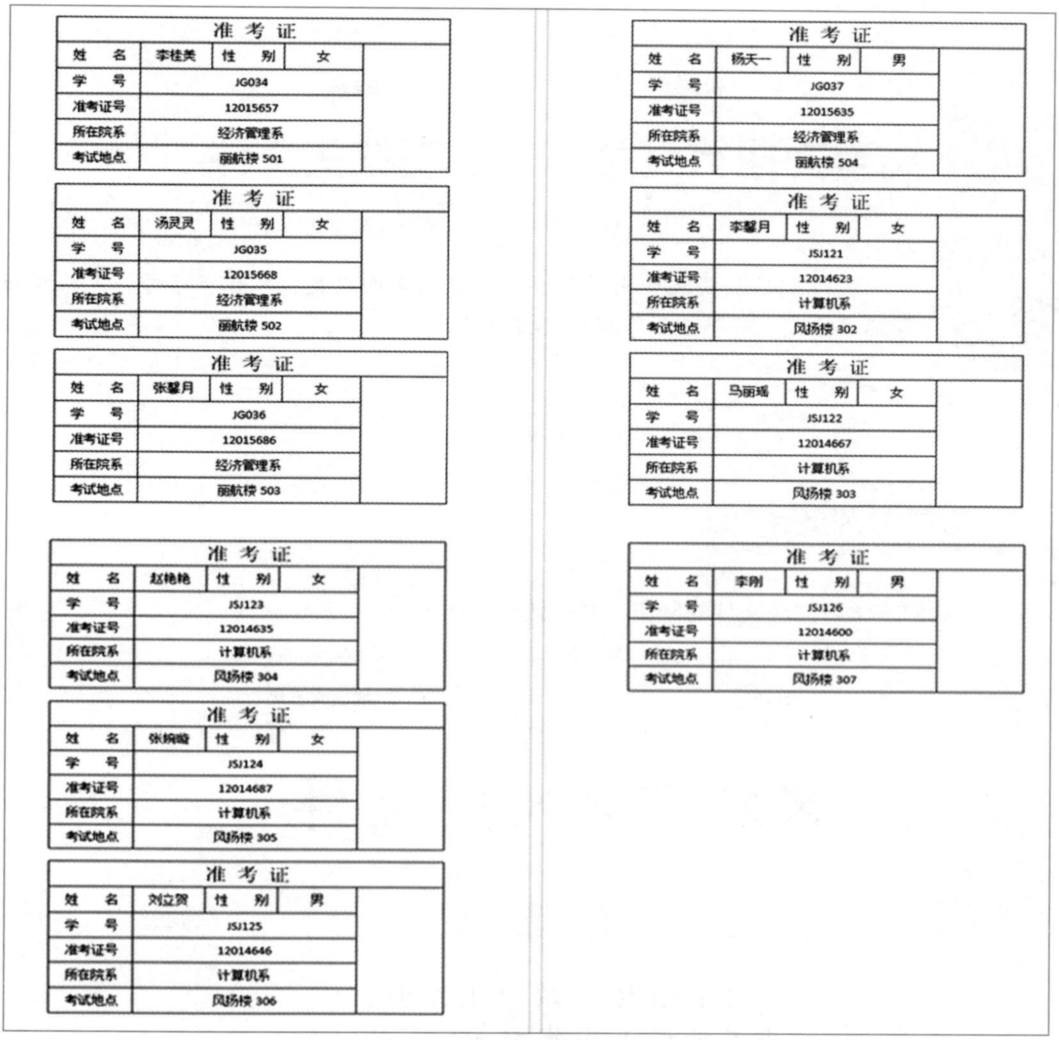

**准 考 证**

| 姓　名 | 李桂美 | 性　别 | 女 |
|---|---|---|---|
| 学　号 | JG034 | | |
| 准考证号 | 12015657 | | |
| 所在院系 | 经济管理系 | | |
| 考试地点 | 丽航楼 501 | | |

**准 考 证**

| 姓　名 | 汤灵灵 | 性　别 | 女 |
|---|---|---|---|
| 学　号 | JG035 | | |
| 准考证号 | 12015668 | | |
| 所在院系 | 经济管理系 | | |
| 考试地点 | 丽航楼 502 | | |

**准 考 证**

| 姓　名 | 张馨月 | 性　别 | 女 |
|---|---|---|---|
| 学　号 | JG036 | | |
| 准考证号 | 12015686 | | |
| 所在院系 | 经济管理系 | | |
| 考试地点 | 丽航楼 503 | | |

**准 考 证**

| 姓　名 | 赵艳艳 | 性　别 | 女 |
|---|---|---|---|
| 学　号 | JSJ123 | | |
| 准考证号 | 12014635 | | |
| 所在院系 | 计算机系 | | |
| 考试地点 | 凤扬楼 304 | | |

**准 考 证**

| 姓　名 | 张婉璇 | 性　别 | 女 |
|---|---|---|---|
| 学　号 | JSJ124 | | |
| 准考证号 | 12014687 | | |
| 所在院系 | 计算机系 | | |
| 考试地点 | 凤扬楼 305 | | |

**准 考 证**

| 姓　名 | 刘立贺 | 性　别 | 男 |
|---|---|---|---|
| 学　号 | JSJ125 | | |
| 准考证号 | 12014646 | | |
| 所在院系 | 计算机系 | | |
| 考试地点 | 凤扬楼 306 | | |

**准 考 证**

| 姓　名 | 杨天一 | 性　别 | 男 |
|---|---|---|---|
| 学　号 | JG037 | | |
| 准考证号 | 12015635 | | |
| 所在院系 | 经济管理系 | | |
| 考试地点 | 丽航楼 504 | | |

**准 考 证**

| 姓　名 | 李馨月 | 性　别 | 女 |
|---|---|---|---|
| 学　号 | JSJ121 | | |
| 准考证号 | 12014623 | | |
| 所在院系 | 计算机系 | | |
| 考试地点 | 凤扬楼 302 | | |

**准 考 证**

| 姓　名 | 马丽瑶 | 性　别 | 女 |
|---|---|---|---|
| 学　号 | JSJ122 | | |
| 准考证号 | 12014667 | | |
| 所在院系 | 计算机系 | | |
| 考试地点 | 凤扬楼 303 | | |

**准 考 证**

| 姓　名 | 李刚 | 性　别 | 男 |
|---|---|---|---|
| 学　号 | JSJ126 | | |
| 准考证号 | 12014600 | | |
| 所在院系 | 计算机系 | | |
| 考试地点 | 凤扬楼 307 | | |

图 1-5-25　完成的准考证效果

**Word** 高手速成第六关——编辑红头文件

过关目标：

通过制作红头文件来学习公文排版的页面设置、字体、字号、表格排版等标准格式，从而初步掌握公文排版技能。

 高手抢"鲜"看

今天，我们来学习红头文件的制作，制作效果如图1-6-1所示。

| 0000112 | 秘密★五年 |
|---|---|
| | 急　件 |

# ××市××局文件

××局发〔2020〕52号

## 关于印发《〈政府工作报告〉
## 若干重点工作落实方案》的通知

局属各单位并党委、各合资公司并党委：

《〈政府工作报告〉若干重点工作分解落实方案》已经讨论通过，现印发给你们，请认真组织实施。

附件：《政府工作报告》若干重点工作分解落实方案

二〇二〇年六月六日

**主题词：** 政府工作 通知

抄送：局党办，局工会

××局办公室　　　　　　　　　　2020年7月18日印发

图1-6-1　红头文件制作效果

高手加油站

在本关，我们将学习设置公文页面、公文眉首、公文主体、公文版记等办公高手必备的办公技能。

公文是传达贯彻党和国家的方针政策、发布行政法规和规章制度、实施行政措施、报告情况、布置工作、请示和答复问题的重要工具。公文对排版格式有着十分严格的要求。

## 1. 公文页面设置

公文主要由眉首（红色反线以上部分）、主体、版记三部分组成，如图 1-6-2 所示。使用 Word 2016 编辑公文要按照设置页面—制作眉首—制作主体—制作版记的顺序进行。

图 1-6-2　红头文件的组成

设置页面的步骤：单击【布局|页面设置】右下角箭头，选择【页边距】选项卡，设置纸型为 A4，纵向，上边距 3.7 厘米、下边距 3.5 厘米，左边距 2.8 厘米，右边距 2.6 厘米，页码范围为"对称页边距"，如图 1-6-3 所示；选择【版式】选项卡，设置页眉 1.5 厘米，页脚 2.5 厘米，选中奇偶页不同选项，如图 1-6-4 所示；选中【文档网络】选项卡，选中【指定行和字符网络】选项，设置每行 28 个字符，每页 22 行，如图 1-6-5 所示。

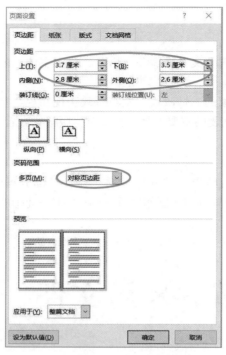

图 1-6-3　设置公文页边距

图 1-6-4　设置公文版式

图 1-6-5　设置公文文档网络

小贴士　行政公文的页面设置是固定的，只要编辑公文就要按照此格式设置。

## 2. 公文眉首设置

公文眉首一般包含以下六部分：

（1）公文份数顺序号：涉密公文印制的顺序号位于文档左上角顶格第一行，机密、绝密文件才标注顺序号。

（2）密级和保密期限：秘密、机密、绝密。

（3）紧急程度：三号黑体，内容常为"急件""特急"。

（4）发文机关标识：小标宋字体，红色。字号由发文机关以醒目美观为原则酌定。

（5）发文字号：三号仿宋，发文机关下设置好三号仿宋后空两行。注意年份用六角括号，数字前不加"第"。

（6）签发人：只有上行文（下级向上级请示、汇报等）才标注，平行排列于发文字号右侧。发文字号左缩进一个字符，签发人姓名右缩进一个字符，签发人用三号仿宋字体，姓名用三号楷体。

图 1-6-6 和图 1-6-7 分别展示了普通公文和上行文的眉首设置。

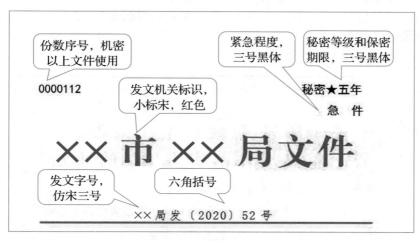

图 1-6-6 普通公文眉首设置

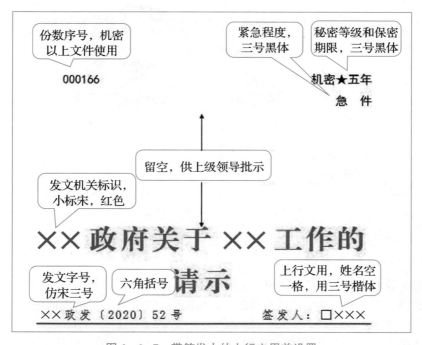

图 1-6-7 带签发人的上行文眉首设置

### 3. 公文主体设置

公文主体由以下七个部分构成（见图 1-6-8）:

（1）标题：位于红色反线空两行之下，二号小标宋字体，居中。

（2）主送机关：左侧顶格三号仿宋字体。

（3）公文正文：首页必须显示公文正文，三号仿宋体，每行 28 个字符。

（4）附件：正文下空一行，首行缩进两个字符，三号仿宋字体。

（5）成文日期：行政机关公文用汉字，注意"〇"的书写。

（6）公文生效标识：右空四字位置盖公章，公文除会议纪要和以电报形式发出外，均要盖公章。加盖印章应端正、居中下压成文时间，印章用红色。

（7）附注：三号仿宋字体，居左空两字，加圆括号标识在成文日期下一行。其内容为公文传达范围内要说明的事项。

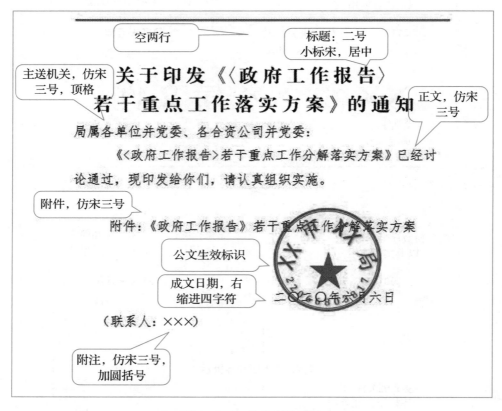

图 1-6-8　公文主体设置

### 4. 公文版记设置

公文版记一般由以下三个部分构成（见图 1-6-9）:

（1）主题词：用三号黑体字，居左顶格排，后面标记全角冒号，类别词用三号小标宋字体；词与词之间空一字。

（2）抄送机关：公文如有抄送，在主题词下一行；左空一字用三号仿宋体字标识"抄送"，后标全角冒号；抄送机关间用逗号隔开，回行时与冒号后的抄送机关对齐；在最后一个抄送机关后标句号。

（3）印发机关和印发日期：位于抄送机关之下（无抄送机关在主题词之下）占一行位置；用三号仿宋体字体。印发机关名称左空一字，印发时间右空一字。印发时间用阿拉伯数字。

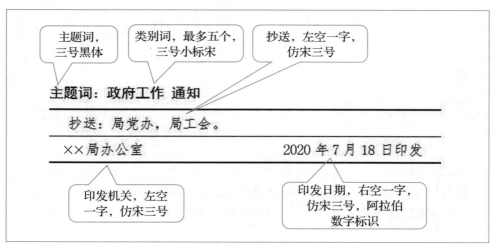

图 1-6-9　公文的版记设置

**高手大闯关**　　扫一扫！看精彩视频

Step 1：设置红头文件页面

（1）新建一个 Word 文档，以"红头文件 .doc"存于姓名文件夹下。

（2）页面设置：单击【布局 | 页面设置】右下角箭头，选择【页边距】选项卡，设置纸型为 A4，纵向，上边距 3.7 厘米、下边距 3.5 厘米，左边距 2.8 厘米，右边距 2.6 厘米，页码范围为"对称页边距"；选择【版式】选项卡，设置页眉 1.5 厘米，页脚 2.5 厘米，选中奇偶页不同选项；选中【文档网络】选项卡，选中【指定行和字符网络】选项，设置每行 28 个字符，每页 22 行。

Step 2：编辑红头文件眉首

（1）编辑眉首文字一：单击【开始 | 字体】右下角的箭头，在【高级】对话框中取消【如果定义了文档网络，则对齐到网格】选项，如图 1-6-10 所示。首先设置字体为黑体三号字，在第一行顶格输入"0000112"，单击标尺 22 字符位置（21 | 22 |），插入制表符，按【Tab】键将光标移至第 22 字符位置处（也可以使用空格键）输入"秘密★五年"，其中"★"使用【插入 | 符号】插入；选中"秘密★五年"，设置右对齐，右缩进一个字符。同理，在第二行插入"急件"，同样设置右对齐，右缩进一个字符。

（2）编辑眉首文字二：在第三行输入"××市××局文件"其中"×"由符号插入，设置字体为红色小标宋 48 号字；按回车键两次，设置两段回车符行距为固定值 12 磅；再次设置字体为仿宋三号字，单倍行距，录入文字"××局发〔2020〕52 号"，居中对齐，其中六角括号可以使用软键盘或【插入 | 符号】插入（见图 1-6-11）。

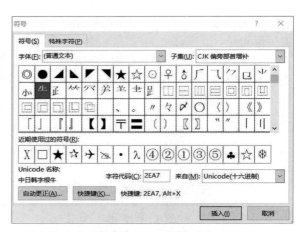

图1-6-10　字体设置　　　　　　　图1-6-11　插入六角符号

（3）编辑眉首横线：单击【插入 | 形状】，使用 Shift 键绘制一条直线，双击直线，单击【格式 | 位置 | 其他布局选项】，按图1-6-12进行直线位置设置；再次右击直线，选择"设置形状格式"，在右侧窗格按照图1-6-13所示进行设置：宽度15.5厘米，红色，3磅，线型为上粗下细。

图1-6-12　直线位置设置　　　　　　图1-6-13　直线形状及颜色设置

> **小贴士** 也可以使用插入表格的方法来编辑公文眉首，例如插入一个4行2列的表格，通过对表格边线进行设置来完成本例中公文眉首的设置。

Step 3：编辑红头文件主体

在发文字号后按回车键两次，在第三行输入标题文字，设置字体字号为方正小标宋二号；选中输入的两行标题文字，设置行距为最小值0磅；设置字体字号为仿宋三号，单倍行距，顶头输入主送机关，首行缩进输入正文。依照图1-6-10设置正文和主送机关内容，取消对齐到网格；下空一行输入附件内容；下空两行输入成文日期，设置日期右对齐，右缩进四个字符；将素材文件"公章.doc"复制到文本中，调整公章到日期位置。

**小贴士**

如果标题是多行，要选中多行文字，设置行距为最小值 0 磅，避免标题过于分散。

Step 4：编辑红头文件版记

在日期下一行无缩进输入"主题词："，设置"主题词："为黑体三号，"政府工作　通知"为小标宋三号；下面插入一个两行两列的表格，设置表格上下框线为 1.5 磅，中间横线为 0.5 磅，取消竖线；输入抄送内容，设置左缩进一个字符，仿宋三号字；在第二行第一列输入印发机关，左缩进一个字符；第二列输入日期，右对齐、右缩进一个字符。根据内容调整表格行距，使表格位于同一页面内。

保存文件，红头文件制作完成。

## 高手勇拓展

根据公文制作规范，完成如图 1-6-14 所示的公文排版。资源文件和样文见"Word 资源/1-6 资源/"。

图 1-6-14　公文函件排版效果

**小贴士**

公文格式严格按照国家规定执行，大家在使用时可以上网查阅《国家行政机关公文格式》《国家机关政府部门公文格式标准》等文档，份数序号、紧急程度、秘密等级、签发人、附注、抄送等根据需要可有可无。非行政机关（如公司）发文可以参考机关公文标准，一般稍简化。

**Word** | 高手速成第七关——绘制复杂公式

过关目标：

通过制作复杂的数学公式来学习在 Word 中插入及编辑各种公式的方法。在学习过程中要注意公式编辑技巧的使用，培养认真细致的工作作风。

### 高手抢"鲜"看

尽管现在有许多专门编辑公式的小程序，但有时我们经常需要在文档中直接插入各类公式。Word 提供了公式编辑功能，今天我们来一起完成如图 1-7-1 所示的公式的制作。

$$\frac{\cos \alpha}{l} = \frac{\cos \beta}{m} = \frac{\cos \gamma}{n} = \frac{1}{k}$$

图 1-7-1　公式制作效果

### 高手加油站

在编辑数学、化学等有关自然科学的文档时，经常要用到各种公式，Word 2016 提供的公式编辑器可以方便地实现各种公式的插入和编辑。在本关，我们将学习插入公式、编辑公式等高级技能。

## 1. 公式的插入

尝试使用【插入|公式】在文档中直接插入一个二次公式（如图 1-7-2 所示）。

$$x = \frac{-b \pm \sqrt{b^2 - 4ac}}{2a}$$

图 1-7-2　直接插入二次公式

（1）插入公式的方法。

单击【插入|公式】，出现如图 1-7-3 所示的选择菜单，根据需要选择适合的菜单项完成公式的插入，下面将具体介绍不同菜单项的功能。

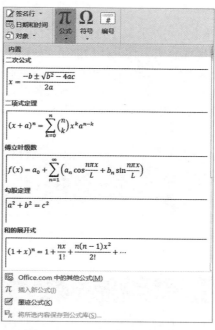

图 1-7-3　公式插入选择菜单

（2）插入内置公式。

在图 1-7-3 中可以选择内置的公式直接插入，方法为将光标置于要插入公式的位置，单击【插入 | 公式】，在出现的菜单中拖动滑动条找到需要的公式，如图 1-7-4 所示，例如选择"三角恒等式 2"公式，单击即可以将该公式插入文档中。

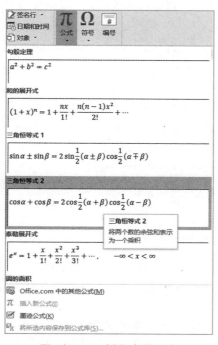

图 1-7-4　插入内置公式

（3）插入新公式。

在图 1-7-3 中，如果选择【插入新公式】选项，则会在文档中出现如图 1-7-5 所示的公式编辑区，同时在功能区中会出现公式工具设计功能组（如图 1-7-6 所示），此时我们可以使用公式工具设计功能组进行公式编辑，根据需要单击公式编辑器中的各个模板及符号项，选择合适的符号或运算符，观察光标长短的变化，输入或插入各种运算符号、变量或数字，来构造公式。编辑后的公式可以另存为新公式或保存为内嵌型公式。

图 1-7-5　公式编辑区

图 1-7-6　公式工具设计功能组

（4）插入墨迹公式。

墨迹公式是 Word 2016 特有的功能。在图 1-7-3 中，如果选择【墨迹公式】选项，则在文档中会出现如图 1-7-7 所示的墨迹公式编辑框，在该编辑框中可以使用鼠标以手写的形式录入公式，由 Word 软件进行识别，用户再进行修改确认，最终完成公式的插入。

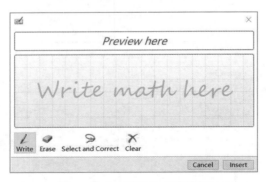

图 1-7-7　墨迹公式编辑框

## 2. 公式的编辑

无论采用哪种方法插入公式后，都可以对公式进行编辑。公式字体的大小样式的设置方法与普通文本的设置方法相同。下面我们主要通过案例来学习具体公式的编辑方法。

（1）编辑内置公式。

当内置公式插入文档后，双击公式，调整光标至需要更改的位置，运用公式工具设计功能组各选项与文本输入相结合的办法，就可以完成公式的编辑修改。例如，要将图 1-7-8 中左侧的公式更改为右侧的公式，应该按以下步骤操作：

$$x = \frac{-b \pm \sqrt{b^2 - 4ac}}{2a} \Longrightarrow y = \frac{-b \pm \sqrt{b^2 - 4ab^3}}{2a^3}$$

图 1-7-8　内置公式编辑修改示例

1）将光标定位于要插入公式的位置，单击【插入 | 公式】，选择内置公式"二次公式"单击插入。

2）双击插入的二次公式，首先选中"$x$"，录入"$y$"，则等号左侧就被修改过来了；再选中等式右侧根号内的"$c$"，单击【上下标】选项卡，选择第一行第一列上标公式，如图 1-7-9所示，将"$b^2$"修改为"$bc^2$"，再在需要编辑的位置输入"$b^3$"；最后选中分母"$a$"，同样单击【上下标】选项卡，选择第一行第一列上标公式，输入"$a^3$"，在公式编辑区域外单击就完成了公式的编辑修改。

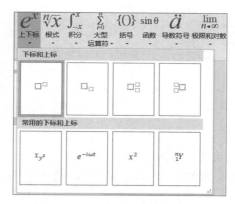

图 1-7-9　选择【上下标】选项卡

（2）编辑新公式。

编辑新公式的方法与编辑内置公式的方法相同。最为重要的是我们要根据公式确定使用哪些公式工具设计选项卡，以编辑图 1-7-10 的公式为例，需要操作的步骤如下：

$$S(t) = \sum_{x=0}^{\infty} x_i^2(t)$$

图 1-7-10　编辑新公式示例

1）将光标定位于要插入公式的位置，单击【插入 | 公式】，选择【插入新公式】进入公式编辑区。

2）首先输入"$S(t)=$"，再根据公式格式选择【大型运算符】中【求和】的第二列（如图 1-7-11 所示），移动光标至求和符号上方，选择【符号】中的第一行第二列【无穷大】符号"$\infty$"插入，再移动光标至求和符号下方，输入"$x=0$"，移动光标至求和符号右侧，单击【上下标】选项卡，选择第一行第三列【下标 - 上标】公式格式，分别在光标所在位置录入

"$x$""$i$""2"，最后移动光标至"$x_i^2$"右侧，录入（$t$），在公式编辑区域外单击就完成了公式的编辑。

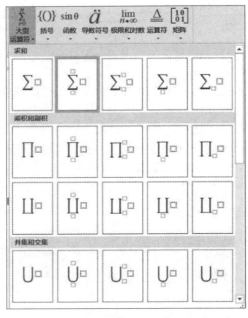

图 1-7-11 选择【大型运算符】选项卡

（3）编辑墨迹公式。

编辑墨迹公式类似于手写公式，具体步骤如下：

1）将光标定位于要插入公式的位置，单击【插入|公式】，选择【墨迹公式】进入墨迹公式编辑区。

2）在墨迹公式编辑区使用鼠标书写需要编辑的公式，如图 1-7-12 所示，此时系统会根据用户的书写进行公式识别，如样例中识别公式为"$y^2=a^2+b^2$"。如果识别正确，单击【Insert】按钮插入；如果识别不正确，可以使用【Erase】橡皮擦工具进行修改，也可以使用【Select and Correct】选择并更正识别错误（如图 1-7-13 所示）。

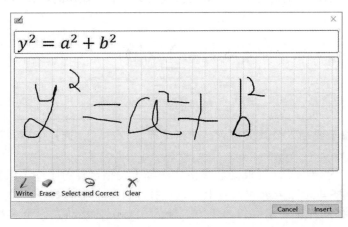

图 1-7-12 使用【墨迹公式】编辑

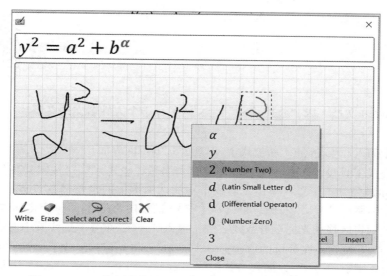

图 1-7-13　使用【墨迹公式】中的【选择并更正】进行编辑

（4）保存用户编辑的公式。

如果需要反复使用编辑好的公式，可以将编辑好的公式保存为新公式或内嵌公式。方法为：在公式编辑区单击公式右下角的三角形【公式选项】按钮，出现如图 1-7-14 所示的保存菜单，此时我们可以选择【另存为新公式】，出现如图 1-7-15 所示的【新建构建基块】对话框，输入新公式名（如：qhgs）后点击【确定】按钮，该公式将被保存，再次新建 Word 文档时可以直接调用。

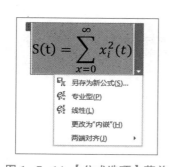

图 1-7-14　【公式选项】菜单

图 1-7-15　【新建构建基块】对话框

注意：在图 1-7-14 所示的【公式选项】菜单中，专业型、线性、内嵌等都是公式在文档中的显示方式，专业型所占据的行高较大，与我们平时常用的公式一致；线性将所有的公式以一行显示，采用计算机符号标准；内嵌所显示的行高比显示小，有些运算符号的位置也不同，用户可以根据文档的具体情况进行设置。

 小贴士　输入公式时，观察光标的位置及长短变化，根据光标所在位置进行符号和公式的录入；同一公式中尽量使用同类的样式，使整个公式协调统一；巧妙利用复制、移动操作，可快速输入同一种模式的公式内容。

**高手大闯关**

扫一扫! 看精彩视频

Step 1：新建文件

新建一篇 Word 文档，以"公式 .doc"为文件名存于个人姓名文件夹下。

Step 2：插入新公式

（1）单击【插入 | 公式 | 插入新公式】，出现公式编辑区界面。

（2）在【公式工具设计】选项卡功能组下选择分数（竖式）"□/□"按钮，在分母的位置上输入"1"，将光标移至分子位置，单击【函数】功能选项卡下的余弦函数"cos□"，插入余弦函数"cos"，将光标移至"cos"右侧，再选择【符号】组中"$\alpha$"符号，点击插入。

（3）在公式编辑区移动光标至分数线右侧，输入"="；重复上述步骤中的输入方法，即选择分数（竖式）"□/□"按钮，在分母的位置上输入"$m$"，将光标移至分子位置，单击【函数】功能选项卡下的余弦函数"cos□"，插入余弦函数"cos"，将光标移至"cos"右侧，再选择【符号】组中"$\beta$"符号，点击插入。

（4）使用同样的方法输入"$= \dfrac{\cos\gamma}{n} = \dfrac{1}{k}$"，至此公式编辑完毕。

Step 3：设置公式格式

（1）选中公式编辑区中的所有公式，设置字号为小二号。

（2）单击公式编辑区外的任何位置，返回文档窗口，保存文件。

 **高手勇拓展**

制作下列公式，以"公式练习 .doc"为文件名存于个人姓名文件夹下。

（1）$S(t) = \displaystyle\sum_{x=0}^{\infty} x_i^2(t)$

（2）$f(x) = \begin{cases} -x, & x < 0 \\ x, & x \geq 0 \end{cases}$

（3）$S = \sqrt{s(s-a)(s-b)(s-c)}$

（4）$S_n = \dfrac{a_1(1-q^n)}{1-q} = \dfrac{a_1(q^n-1)}{q-1}$

（5）$4HNO_3 \xrightarrow[\text{或光照}]{\Delta} NO_2 \uparrow + O_2 \uparrow + H_2O$

（提示：符号"$\xrightarrow[\text{或光照}]{\Delta}$"的编辑可以先插入"矩阵"中的"2×1空矩阵"，在下方矩阵位置插入"导数符号"中的"双顶线"。）

（6）$\displaystyle\lim_{x\to\infty} \dfrac{x+\sin x}{x-\cos x}$

（7）$\displaystyle\int \dfrac{1}{a+bx}dx = \dfrac{1}{b}\ln|ax+b| + C$

（8） $y = \dfrac{-b \pm \sqrt{b^2 - 4ab^3}}{2a^3}$

（9）半角公式 $\begin{cases} \sin \dfrac{A}{2} = \sqrt{\dfrac{(s-b)(s-c)}{bc}} \\[3mm] \sin \dfrac{B}{2} = \sqrt{\dfrac{(s-c)(s-a)}{ca}} \\[3mm] \sin \dfrac{C}{2} = \sqrt{\dfrac{(s-a)(s-b)}{ab}} \end{cases}$

小贴士

在公式的制作与排版中，要注意以下四条基本规则：一要根据插入点光标长短的变化来输入不同位置的符号及运算符；二要正确使用正体和斜体字母；三要注意公式的居中和上下对齐、公式转行时符号的对齐；四要将常用的公式及时另存为新公式，以方便将来调用。

**Word 高手速成第八关——开发调查问卷**

过关目标：

从制作客户满意度调查问卷入手，学习 Word 中插入控件、录制宏的高级技能，完成简单代码的编写。

高手抢"鲜"看

设计一项可以在页面填写的调查问卷，这几乎是 Word 高手的终极技能。调查问卷制作效果如图 1-8-1 所示。

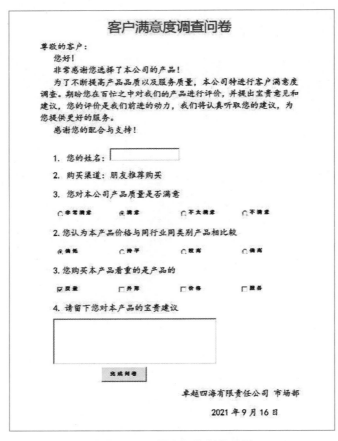

图 1-8-1　调查问卷制作效果

高手加油站

在本关，我们将学习插入控件、录制宏、编写简单代码等 Word 办公软件技巧。

## 1. 插入控件

插入控件主要是在【开发工具】选项卡中进行操作的。我们在第三关制作 Word 模板部分已经学习过开发工具的调用方法，即单击【文件 | 选项 | 自定义功能区】，在 Word 选项对话框中选中【开发工具】复选框，单击【确定】按钮，开发工具选项卡将在功能区中显示，显示效果如图 1-8-2 所示。

图 1-8-2　开发工具选项卡

（1）插入文本框控件。

单击【开发工具 | 旧式工具 ⊞ | 文本框 abl】可以插入文本框控件（见图 1-8-3），例如在文档中先输入"姓名："，单击【开发工具 | 旧式工具 ⊞ | 文本框 abl】插入效果如图 1-8-4所示。

图 1-8-3　文本框控件

图 1-8-4　文本框控件插入效果

插入文本框控件后，可以选中控件后通过拖曳调整文本框的大小，也可以将文本框设置为多行带滚动条的文本框（效果如图 1-8-5 所示）。操作方法为：选中文本框控件，先按下【开发工具 | 设计模式】选项卡，再单击【属性】选项卡（如果设计模式选项没有被选中，则属性选项卡为不可用状态），出现如图 1-8-6 所示的文本框控件属性设置对话框，将文本控件的" MultiLine "选项设置为" true "（多行），再将" ScrollBars "选项设置为" 1 "（水平滚动条）、" 2 "（垂直滚动条）或" 3 "（水平垂直双向滚动条），此时再测试（单击【设计模式】选项卡，使其为不选中状态测试）插入的文本控件，则输入的文本内容可实现多行文本自动换行。

图 1-8-5　多行带滚动条文本框效果

图 1-8-6　文本框控件属性设置

（2）插入复选框控件。

单击【开发工具 | 旧式工具 ▣ | 复选框 ☑】可以插入复选框控件，插入复选框后，单击【开发工具 | 属性】选项卡，出现如图 1-8-7 所示的属性设置对话框，复选框参数最常用到的是"Caption"和"GroupName"两项，"Caption"的值为复选框控件所显示的名称，"GroupName"的值为复选框控件的组别，一组选项应该设置为同一名称。

图 1-8-7　复选框控件属性设置

例如，在文档中先插入一个 1 行 5 列的表格，在第一列输入文字"您的爱好："，将光标移至第二个单元格，再单击【开发工具 | 旧式工具 ▣ | 复选框 ☑】插入一个复选框后，单击【开

发工具 | 属性】选项卡，设置"Caption"参数的值为"游泳"，可以看到复选按钮显示的文字变为"游泳"，再设置"GroupName"的值为a1，即这一组复选按钮的名称为"a1"，将设置好的按钮复制到其他三个单元格，分别修改这三个控件的"Caption"参数为"游泳""读书""游戏""篮球"，显示效果如图1-8-8所示。

您的爱好：☑ 游泳　　☑ 读书　　☑ 游戏　　☑ 篮球

图1-8-8　复选框控件显示效果

（3）插入选项按钮控件。

选项按钮即单选按钮，其操作方法与复选框控件的操作方法基本相同，尤其注意组别一定要进行设置，这样才能保证每组只能选择一个选项。单击【开发工具 | 旧式工具 📷 | 选项按钮◉】可以插入选项按钮控件，插入选项按钮后，单击【开发工具 | 属性】选项卡，选择【按分类序】，出现如图1-8-9所示的属性设置对话框，选项按钮参数最常用到的也同样是"Caption"和"GroupName"两项，"Caption"的值为控件所显示的名称，"GroupName"的值为选项按钮组别，一组选项应该设置为同一名称，在选项按钮参数中还可以使用"ForeColor"参数设置文字颜色、使用"BackColor"参数设置文字背景颜色、使用"Font"参数设置文字字体和大小等。图1-8-9就显示了设置选项按钮字体字号的设置界面。

例如，在文档中先插入一个2行5列的表格，在第一行第一列输入文字"您的性别："，将光标移至第二个单元格，再单击【开发工具 | 旧式工具 📷 | 选项按钮◉】插入一个选项按钮后，单击【开发工具 | 属性】选项卡，设置"Caption"参数的值为"男"，再设置"GroupName"的值为a2，即这一组复选按钮的名称为"a2"，再将"Font"参数设置为仿宋、粗体、小四（如图1-8-10所示），将设置好的按钮复制到第三个单元格，修改复制控件的"Caption"参数为

图1-8-9　选项按钮控件属性设置

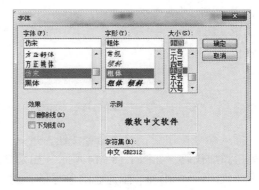

图1-8-10　选项按钮 Font 参数设置

"女"；在第二行第一列输入文字"您的民族"，再单击【开发工具|旧式工具 📷|选项按钮◉】插入一个选项按钮后，单击【开发工具|属性】选项卡，设置"Caption"参数的值为"汉族"，再设置"GroupName"的值为 a3，即这一组复选按钮的名称为"a3"，再将"Font"参数设置为仿宋、粗体、小四，将设置好的按钮复制到后面三个单元格，修改复制控件的"Caption"参数分别为"满族""回族""其他"，此时测试输入效果。因为设置了不同的组别，所以两行单选按钮可以分别进行单项选取，组内只能选取一项，显示效果如图 1-8-11 所示。

图 1-8-11　选项按钮的控件编辑示例

（4）插入命令按钮控件。

单击【开发工具|旧式工具 📷|命令按钮▢】可以插入命令按钮控件。插入命令按钮后，单击【开发工具|属性】选项卡，出现如图 1-8-12 所示的属性设置对话框，参数最常用到的是"Caption"参数，用于设置命令按钮上显示的文字内容，与选项按钮、复选框按钮一样，可以通过"Font"参数设置命令按钮文字的字体、字号，通过"ForeColor"参数设置命令按钮文字颜色、使用"BackColor"参数设置命令按钮颜色等。如图 1-8-12 所示，将命令按钮"Caption"项的值设置为文字"提交"，将命令按钮背景颜色设置为黑色，字体颜色设置为白色，则命令按钮显示为如图 1-8-13 所示"提　交"字样。

| 属性 | ✕ |
|---|---|
| **CommandButton1** CommandButton | ∨ |
| 按字母序　按分类序 | |
| □ 行为 | |
| AutoSize | False |
| Enabled | True |
| Locked | False |
| TakeFocusOnClick | True |
| WordWrap | False |
| □ 图片 | |
| Picture | (None) |
| PicturePosition | 7 - fmPicturePositionAboveCenter |
| □ 外观 | |
| BackColor | ■ &H00404040& |
| BackStyle | 1 - fmBackStyleOpaque |
| Caption | 提　交 |
| ForeColor | □ &H8000000B& |
| □ 杂项 | |
| (名称) | CommandButton1 |
| Accelerator | |
| Height | 43.8 |
| MouseIcon | (None) |
| MousePointer | 0 - fmMousePointerDefault |
| Width | 131.4 |
| □ 字体 | |
| Font | 华文隶书 |

图 1-8-12　命令按钮控件属性设置　　　　图 1-8-13　命令按钮控件示例

插入命令按钮后，双击命令按钮，进入"VisualBasic 编辑器"状态，我们可以对插入的命令按钮添加代码，如图 1-8-14 所示。如果单击命令按钮时，要显示消息框"感谢您的参与！"，则添加代码：MsgBox"感谢您的参与！"，此时当单击命令按钮时，就会出现如图 1-8-15 所示的消息框界面。

图 1-8-14　命令按钮添加行为代码

图 1-8-15　单击命令按钮弹出消息框示例

（5）插入下拉列表内容控件。

单击【开发工具 | 下拉列表内容控件 ▦ 】可以插入下拉列表控件，插入后单击【开发工具 | 属性】，出现如图 1-8-16 所示的内容控件属性对话框，在对话框中可以设置控件显示方式（边界框、开始结束标记、无三种），可以设置控件的颜色。单击【添加】按钮，可以添加下拉列表的显示项目。

例如，要设置标题为"学历"，显示为"边界框"，颜色为红色，在下列列表属性中，选中"选择一项"文字，单击【修改】按钮，将内容改为"中专"，值也修改为"中专"，再单击【添加】按钮，添加显示内容为"大专"，值为"大专"。同理，再添加本科、硕士、博士三项，设置方法如图 1-8-17 所示。设置后，出现如图 1-8-18 所示的下拉列表。

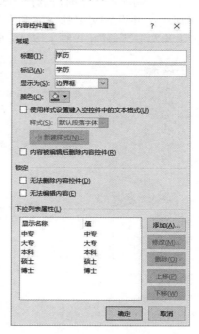

图 1-8-16　内容控件属性对话框　　　　图 1-8-17　添加内容后的控件设置

图 1-8-18　下拉列表

## 2. 录制宏

当我们需要在 Word 中反复执行同一组操作时，可以通过录制宏来大大减轻工作量，提高工作效率。比如说，假设我们需要对多篇文档设置同一种字体、字号并且进行相同的排版操作，如果使用普通方法，每篇文档需要进行相同的操作，不仅费时费力，而且还容易出错。如果使用宏，不仅每篇文档只需要点击一次即可完成，而且还可以大大减少出错率。

（1）录制宏的方法。

单击【开发工具 | 录制宏】，出现如图 1-8-19 所示对话框，此时可以设置宏的名称，如果点击【按钮】选项，出现如图 1-8-20 所示的对话框，选中"分隔符"下面的宏名，单击【添加】按钮，则新录制的宏就出现在快速访问工具栏上，下次可以直接单击调用；如果点击【键盘】按钮，出现如图 1-8-21 所示的自定义键盘对话框，此时可以通过按键设定宏的快捷键，此处设定 Ctrl+J 为快捷键。将宏指定位置后，单击【确定】按钮开始录制。此时屏幕上的鼠标变为 形状，表示现在正处于宏录制状态。这时对选择的文字进行操作，如将文字居中，并设置文字的字体和字号，完成操作后，单击【开发工具 | 停止录制】按钮完成宏的录制。

图 1-8-19　录制宏对话框

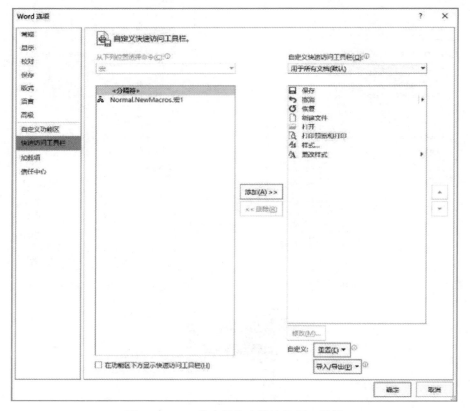

图 1-8-20　将宏保存在快速访问工具栏

图 1-8-21　自定义键盘对话框

（2）运行宏的方法。

打开一篇需要运行宏的文档，选中需要运行宏的文本，通过以下三种方法运行宏：

1）如果录制宏时定义了快速访问工具栏，只要单击快速访问按钮即可运行宏。

2）如果录制宏时定义了快捷键，则按快捷键可以运行宏。

3）单击【开发工具 | 宏】，在图 1-8-22 中选择需要运行的宏名，单击【运行】按钮运行宏。

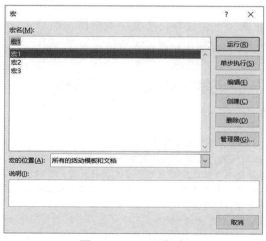

图 1-8-22　运行宏

高手大闯关  扫一扫！看精彩视频

**Step 1：创建启用宏的 Word 文档**

新建一个 Word 文件，使用【文件|另存为】将文件保存类型设置为"启用宏的 Word 文档（docm）"，以文件名"客户满意度调查问卷.docm"为文件名存于个人姓名文件夹下（如图1-8-23 所示）。

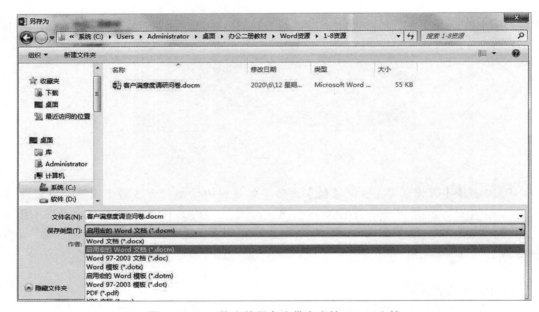

图 1-8-23 将文件保存为带有宏的 Word 文档

**Step 2：编辑文档中文字**

（1）在文档中输入标题文字"客户满意度调查问卷"，设置文字为微软雅黑、二号字体、蓝色。

（2）按样文格式输入正文文字，设置正文文字为楷体、四号，行距为固定值 20 磅，第二段开始首行缩进两个字符，完成效果如图 1-8-24 所示。

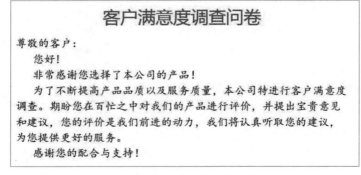

图 1-8-24 文字部分完成效果

Step 3：插入控件

（1）按回车键换行后，首行缩进两个字符输入"您的姓名："，设置编号，将光标置于姓名之后，单击【开发工具 | 旧式工具 | 文本框】，插入文本框控件，可以通过拖曳的方法来调整文本框的大小。

（2）按回车键换行，输入"购买渠道："，将光标置于录入文字之后，单击【开发工具 | 下拉列表内容控件】，插入下拉列表内容控件，选中插入的控件，单击【开发工具 | 属性】，按照图 1-8-25 所示，通过【修改】【添加】按钮录入数据，录入后单击【确定】按钮，录入效果如图 1-8-26 所示。

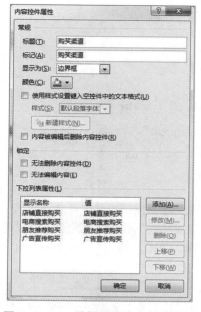

图 1-8-25  编辑列表内容控件属性

图 1-8-26  列表内容控件属性完成效果

（3）按回车键输入"您对本公司产品质量是否满意"，再次按回车键插入一个 1 行 4 列的表格，将光标置于表格的第一列，单击【开发工具 | 旧式窗体 | 选项按钮】，插入选项按钮控件，单击【开发工具 | 属性】选项卡，设置"Caption"参数的值为"非常满意"，再设置"GroupName"的值为 a1，即这一组选项按钮的名称为"a1"，将设置好的按钮复制到后面三个单元格，修改复制控件的"Caption"参数分别为"满意""不太满意""不满意"，选中表格，将表格的边框线设置为"无框线"；依此操作方法，编辑制作价格选项按钮，设置价格组按钮"GroupName"的值为 a2，制作效果如图 1-8-27 所示。

（4）在当前文档下一行输入文字"您购买本产品看重的是产品的"，按回车键插入一个 1 行 4 列的表格，将光标置于表格的第一列，单击【开发工具 | 旧式窗体 | 复选框】，插入复选框控件，单击【开发工具 | 属性】选项卡，设置"Caption"参数的值为"质量"，再设置"GroupName"的值为 a3，将设置好的按钮复制到后面三个单元格，修改复制控件的"Caption"参数分别为"外形""价格""服务"。选中表格，将表格的边框线设置为"无框线"。

（5）换行输入文字"请留下您对本产品的宝贵建议"，按回车键后单击【开发工具 | 旧式工具 | 文本框】，插入文本框控件，单击【开发工具 | 属性】选项卡，将文本控件的"MultiLine"选项设置为"true"（多行），再将"ScrollBars"选项设置为"2"（垂直滚动条），调整文本框的大小。退出设计模式，输入文字测试文本框是否为有垂直滚动条的多行文本框。

## 客户满意度调查问卷

尊敬的客户：

您好！

非常感谢您选择了本公司的产品！

为了不断提高产品品质以及服务质量，本公司特进行客户满意度调查。期盼您在百忙之中对我们的产品进行评价，并提出宝贵意见和建议，您的评价是我们前进 动力，我们将认真听取您的建议，为您提供更好的服务。

感谢您的配合与支持！

1. 您的姓名：

2. 购买渠道：朋友推荐购买

3. 您对本公司产品质量是否满意

　○ 非常满意　　　● 满意　　　　　○ 不太满意　　　　○ 不满意

4. 您认为本产品价格与同行业同类别产品相比较

　○ 偏低　　　　　○ 持平　　　　　○ 较高　　　　　　○ 偏高

图 1-8-27　选项按钮制作完成效果

（6）换行单击【开发工具 | 旧式工具 | 命令按钮】插入命令按钮控件，单击【开发工具 | 属性】选项卡，将按钮"Caption"项的值设置为文字"完成问卷"，拖动首行缩进标尺调整按钮控件的位置。双击命令按钮，进入"VisualBasic 编辑器"状态，输入代码：MsgBox "感谢您的积极参与，祝您生活愉快！"，如图 1-8-28 所示。

Step 4：完成落款

在命令按钮下两行右对齐输入公司名称、调研部门，右缩进三个字符输入调研日期，退出设计模式，保存文件，文档制作完成。

图 1-8-28　添加代码

 高手勇拓展

扫一扫！看精彩视频

录制并运行宏：打开资源文件"Word 资源 /1-8 资源 / 录制宏练习 .docx"，录制宏，设置宏名为排版 1，将宏名定义在快速访问工具栏，宏的内容为将选中的文档设置为仿宋三号，段首缩进两个字符。录制好宏后，对第二段文字运行宏，完成文档效果见资源文件"Word 资源 /1-8 资源 / 运行宏效果文档 .docx"。

小贴士 | Word 操作的八关我们已经轻松通过了，相信大家已经修炼成 Word 高手了，未来还有 Excel 与 PowerPoint 的各个关卡等着大家，让我们一起勇往直前吧！

X 第二篇

# Excel
# 电子表格篇

office

# Excel 高手速成第一关——表格基本编辑

**学习目标：**

从制作培训登记表案例入手，学习 Excel 工作表及单元格的编辑方法，掌握用 Excel 制作基本表格的技能。

## 高手抢"鲜"看

初入职场，设计一份员工培训计划表是办公人员所必须具备的基本功。下面我们一起来完成如图 2-1-1 所示的员工培训表的制作。

办公软件综合实训之Excel篇

### 学员培训登记表

| 培训类别 | | 培训项目 | | | | |
|---|---|---|---|---|---|---|
| 姓名 | | 性别 | | 民族 | | （照片） |
| 身份证号 | | 学历 | | 职称 | | |
| 毕业院校 | | | | 所学专业 | | |
| 工作单位 | | | | 现任岗位 | | |
| 联系电话 | | | | E-mail | | |
| 现有培训等级证书级别 | | | 拟获得培训等级证书级别 | | | |
| 个人简历（从参加工作开始填写） | | | | | | |
| 发表（获奖）论文情况 | 论文题目 | | 发表刊物及时间 | | 获奖情况 | |
| | | | | | | |
| 科研立项获奖情况 | | | | | | |
| 单位推荐意见 | 单位负责人签字： | | | 单位盖章： | | |
| | | | | 年　月　日 | | |

注：1.请按通知要求持本表格及两张小二吋红底照片参加培训；2.本表一式两份，并将电子文本发送至培训基地。

图 2-1-1　学员培训登记表制作效果

78

鉴于大家已经掌握了基础的 Excel 电子表格操作技能（如需要学习基础技能，可以参看与本教材配套的《 Office 办公软件案例教程》一书），本关将就一些 Excel 电子表格的高级操作技巧进行重点介绍。

## 1. 单元格内文字换行

在 Excel 电子表格中，有时需要对单元格内的文字进行换行操作，换行前后的单元格文字效果如图 2-1-2 所示。以下三种方法可以轻松实现单元格内文字换行：

（1）功能选项卡换行法。

在 Excel 单元格中输入文字后，单击【开始 | 自动换行】功能选项卡，如图 2-1-3 所示，单元格内的文字即可实现自动换行。

图 2-1-2　换行前后的单元格文字效果　　　　图 2-1-3　自动换行功能选项卡

（2）右键菜单换行法。

选中要自动换行的单元格，右击选择【设置单元格格式】，在【设置单元格格式】对话框中选择【对齐】选项卡，在【文本控制】组中选中【自动换行】选项，如图 2-1-4 所示，所选中的全部单元格中的文字即可实现自动换行。

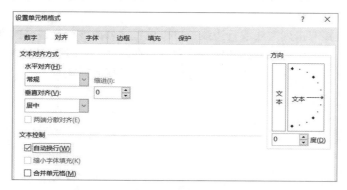

图 2-1-4　使用右键菜单实现文字换行

（3）快捷键强制换行法。

有时 Excel 单元格内的文字不需要自动换行，而需要在特定的文字位置处换行，这时可以使用快捷键的方法进行强制换行。具体方法为：将光标定位在需要换行的文字位置，按

【Alt+Enter】组合键即可以实现在任意文字位置上的换行。换行效果如图 2-1-5 所示。

图 2-1-5 使用快捷键实现文字换行

## 2. 合并单元格

在 Excel 电子表格中，选中需要合并的单元格，单击【开始|合并后居中】功能选项卡【合并后居中】（如图 2-1-6 所示），可以将选中的单元格合并。此按钮为开关键，对合并后的单元格再次单击该按钮，也可以单击【合并后并居中】右侧下三角按钮，在展开的下拉列表中单击【取消单元格合并】选项，单元格将拆分成合并前默认的单元格。

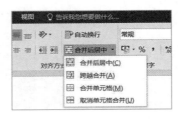

图 2-1-6 合并后居中选项卡

## 3. 调整行高和列宽

当单元格宽度不够时，所录入的数字等内容经常出现"##"显示效果，可以采用拖动、双击和精确设置三种方法来调整单元格的行高与列宽。

（1）拖动：将光标置于要设置行高或列宽的单元格内，按住鼠标左键拖动行边线或列边线，可以增加或减少行高或列宽。

（2）双击法：直接双击列边线或行边线，可以设置该列或该行最适合的列宽。

（3）精确设置法：选中行标签或列标签后右击，在图 2-1-7 所示菜单中选择【行高】或在如图 2-1-8 所示的菜单中选择【列宽】，即可精确设置行高或列宽。

图 2-1-7 设置行高　　　　　　图 2-1-8 设置列宽

高手大闯关　　　　　　　扫一扫！看精彩视频 📹

**Step 1：设置页眉**

（1）运行"Excel 2016"程序，单击【文件|新建】，出现如图 2-1-9 所示的界面，选择新建【空白工作簿】，建立一个新的 Excel 文档。

（2）双击文档左下角工作表标签"Sheet1"，修改工作表名称为"培训登记表"，效果如图 2-1-10 所示。

（3）单击【插入|页眉和页脚】菜单，移动光标至左侧单元格，输入页眉文字为"办公软件综合实训之Excel篇"，并设置字体字号为宋体、12 号字，效果如图 2-1-11 所示。

图 2-1-9　新建 Excel 文档

图 2-1-10　重命名工作表

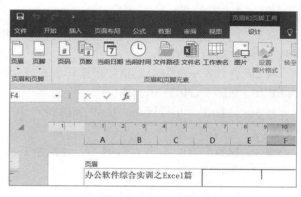

图 2-1-11　设置页眉

**Step 2：录入标题**

点击页面返回至文档编辑区，移动光标至 A2 单元格，输入标题文字"学员培训登记表"，如图 2-1-12 所示。

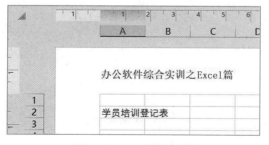

图 2-1-12　录入标题

**Step 3：录入文字**

分别在 A3、C3 单元格输入文字"培训类别""培训项目"，对比样表，在 4～15 行单元格的第 1、3、5 列中分别录入正文文字，如图 2-1-13 所示。

办公软件综合实训之Excel篇

| | | | | |
|---|---|---|---|---|
| 学员培训登记表 | | | | |
| 培训类别 | | 培训项目 | | |
| 姓名 | | 性别 | | 民族 |
| 身份证号 | | 学历 | | 职称 |
| 毕业院校 | | | | 所学专业 |
| 工作单位 | | | | 现任岗位 |
| 联系电话 | | | | E-mail |
| 现有培训等级证书级别 | | | | 拟获得培训等级证书级别 |
| 个人简历（从参加工作开始填写） | | | | |
| 发表（获奖）论文情况 | | | | |
| | | | | |
| 科研立项获奖情况 | | | | |
| 单位推荐意见 | | | | |
| 注：1.请按通知要求持本表格及两张小二吋红底照片参加培训；2.本表一式两份，并将电子文本 | | | | |

图 2-1-13　录入正文文字

Step 4：表格排版一

（1）选中标题行 1 ～ 7 列，单击【开始 | 合并后居中】按钮合并 A2:G2 列，设置字体字号等为宋体、20 号字加粗。

（2）合并 3 ～ 9 行单元格：根据样表，分别单击【开始 | 合并后居中】按钮，合并 D3:G3、A9:B9、E9:F9、G4:G8 单元格。

（3）设置 3 ～ 9 行行高：按住 Shift 键选中 3 ～ 9 行，右击选择【行高】，设置行高为 0.85 厘米。

（4）设置列宽：根据表格内容，分别调整 A 列至 G 列的列宽，参考设置为 2.3、3、1.76、1.76、2、2.8、3.5 厘米。

（5）设置字体字号等：选中正文所有文字，设置字体为宋体、12 号、水平与垂直居中。

上述排版完成后的效果如图 2-1-14 所示。

办公软件综合实训之Excel篇

| | | | | | | |
|---|---|---|---|---|---|---|
| 学员培训登记表 | | | | | | |
| 培训类别 | | 培训项目 | | | | |
| 姓名 | | 性别 | | 民族 | | |
| 身份证号 | | 学历 | | 职称 | | |
| 毕业院校 | | | | 所学专业 | | |
| 工作单位 | | | | 现任岗位 | | |
| 联系电话 | | | | E-mail | | |
| 现有培训等级证书级别 | | | | 拟获得培训等级证书级别 | | |

图 2-1-14　表格排版效果一

Step 5：表格排版二

（1）设置第 10 行（个人简历行）行高为 5 厘米，合并 B10:G10 单元格，将光标置于 A10 单元格，右击选择【设置单元格格式】，选中【文本控制】下的【自动换行】选项，设置 A10 文字为自动换行。

（2）将光标移至第 11 行，右击插入一行，设置第 11 行、第 12 行、第 13 行行高为 1.3，合并 A11、A12、A13 单元格，设置文字内容为自动换行，合并 B11:C11、D11:E11、F11:G11 单元格，分别输入文字“论文题目”“发表刊物及时间”“获奖情况”。同理，合并 B12:C12、D12:E12、F12:G12、B13:C13、D13:E13、F13:G13 单元格。

（3）设置第 14 行行高为 3，第 15 行行高为 5，第 16 行行高为 1.5，A14、A15、A16 文字内容为自动换行，合并 B14:G14、B15:G15、A16:G16 单元格，在 B15 单元格中输入“单位负责人 :”“单位盖章 :”“年　月　日”等文字内容。

上述排版完成后的效果如图 2-1-15 所示。

| | | | |
|---|---|---|---|
| 个人简历（从参加工作开始填写） | | | |
| 发表（获奖）论文情况 | 论文题目 | 发表刊物及时间 | 获奖情况 |
| | | | |
| | | | |
| 科研立项获奖情况 | | | |
| 单位推荐意见 | 单位负责人签字：<br>单位盖章：<br>年　月　日 | | |
| 注：1. 请按通知要求持本表格及两张小二吋红底照片参加培训；2. 本表一式两份，并将电子文本发送至培训基地。 | | | |

图 2-1-15　表格排版效果二

Step 6：页面调整

移动光标至 G4 单元格，输入文字“(照片)”，选中表格，单击【开始 | 边框】按钮，先设置所有框线，再设置外边框线。使用【开始 | 打印】或页面设置对话框中的【打印预览】按钮查看文档排版效果，根据页面进行行高与列宽的微调，最后以“培训表 .xlsx”保存文件。至此，样例表格制作完成。

高手勇拓展

完成如图 2-1-16 所示的"公司聘用员工计划及薪酬预算表",源文件见资源文件"Excel 资源 /2-1 资源 / 公司聘用员工计划及薪酬预算表 .xlsx"。

## 公司聘用员工计划及薪酬预算表

公司名称（盖章）：卓越四海商贸有限责任公司　　　　　现有职工数：　　　　　计划聘任数：

| 序号 | 聘用岗位 | 工作部门 | 技术等级要求 | 计划聘用人数 | 底薪标准（元/月） | 绩效标准（元/单） | 聘用周期 | 试用考核时间（月） | | 薪酬预算总额 | 备注 |
|---|---|---|---|---|---|---|---|---|---|---|---|
| | | | | | | | | 理论 | 实践 | | |
| 1 | 广告设计专员 | 设计部 | 中级及以上 | 1 | 2000 | 100 | 一年 | 0.5 | 0.5 | 40000 | |
| 2 | 高级焊工 | 生产部 | 高级 | 1 | 4000 | 30 | 一年 | 0.5 | 0.5 | 60000 | 有工作经验者优先 |
| 3 | 快递员 | 生产部 | 高级 | 1 | 3000 | 3 | 一年 | 0.5 | 0.5 | 55000 | |
| 4 | 叉车工 | 生产部 | 中级及以上 | 1 | 3000 | 70 | 一年 | 0.5 | 1 | 50000 | |
| | | | | | | | | | | | |
| | | | | | | | | | | | |
| 合计 | —— | —— | —— | 4 | —— | —— | —— | —— | —— | 205000 | —— |

预算执行时间：2020年12月1日

制表人：人资部 李芳菲　　　　　　　　　　　　　　　　部长签字：

设计部意见：　　　　　生产部意见：　　　　　公司负责人意见：

图 2-1-16　预算表制作效果

| 小贴士 | 练习案例外边框线为双实线，页面为横向；要注意列宽与行高的设置，整体页面要布局合理。 |
|---|---|

# Excel 高手速成第二关——数据验证设置

**学习目标：**

从制作学生成绩表案例入手，学习在 Excel 工作表中设置数据验证，掌握对数据的有效性进行验证设置的技能。

## 高手抢"鲜"看

在制作学生成绩表的过程中，对数据的类型和格式有严格要求，因此需要在输入数据时对数据的有效性进行验证。下面我们一起来完成学生成绩表的制作（效果如图 2-2-1 所示）。

### 学生成绩表

| 姓名 | 性别 | 身份证号 | 语文 | 数学 | 英语 | 总分 |
|------|------|----------|------|------|------|------|
| 赵一 | 男 | 220203200108054323 | 84 | 85 | 99 | 268 |
| 钱二 | 男 | 220211200106124321 | 87 | 86 | 76 | 249 |
| 孙三 | 女 | 220283200107085643 | 90 | 91 | 93 | 274 |
| 李四 | 男 | 220284200109224332 | 78 | 84 | 89 | 251 |
| 周五 | 女 | 220281200107075324 | 86 | 79 | 92 | 257 |
| 吴六 | 女 | 220282200105054762 | 78 | 85 | 79 | 242 |
| 郑七 | 女 | 220281200103104796 | 75 | 67 | 65 | 207 |
| 王九 | 男 | 220202200110175329 | 94 | 90 | 98 | 282 |

图 2-2-1　学生成绩表制作效果

## 高手加油站

数据有效性是对单元格或单元格区域输入的数据从内容到数量上的限制。对于符合条件的数据，允许输入；对于不符合条件的数据，则禁止输入。这样就可以依靠系统检查数据的正确有效性，避免录入错误的数据。

### 1. 设置数据长度

在学生成绩表中，学生身份证号的长度是固定的，因此需要对输入的数据的长度进行限制，以避免输入错误数据，操作方法如下：

（1）选中 D3:D10 单元格区域，如图 2-2-2 所示。

| 学生成绩表 | | | | | | | |
|---|---|---|---|---|---|---|---|
| 姓名 | 性别 | 身份证号 | | 语文 | 数学 | 英语 | 总分 |
| 赵一 | | | | 84 | 85 | 99 | 268 |
| 钱二 | | | | 87 | 86 | 76 | 249 |
| 孙三 | | | | 90 | 91 | 93 | 274 |
| 李四 | | | | 78 | 84 | 89 | 251 |
| 周五 | | | | 86 | 79 | 92 | 257 |
| 吴六 | | | | 78 | 85 | 79 | 242 |
| 郑七 | | | | 75 | 67 | 65 | 207 |
| 王九 | | | | 94 | 90 | 98 | 282 |

图 2-2-2　学生成绩表 D3:D10 单元格区域选中效果

（2）单击【数据】选项卡下【数据工具】组中的【数据验证】按钮，如图 2-2-3 所示。

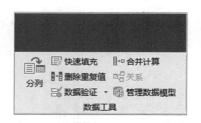

图 2-2-3　数据工具组中的数据验证按钮

（3）弹出数据验证对话框，选择【设置】选项卡，单击【验证条件】选项组内的【允许】文本框右侧的下拉按钮，在弹出的选项列表中选择【文本长度】选项，如图 2-2-4 所示。

图 2-2-4　【数据验证】对话框【设置】选项卡【文本长度】选项效果

（4）【数据】文本框变为编辑状态，在【数据】文本框的下拉列表中选择【等于】选项，在【长度】文本框内输入"18"，选中【忽略空值】复选框，单击【确定】按钮，如图 2-2-5 所示。

图 2-2-5　数据验证对话框设置文本长度效果

（5）完成设置输入数据长度的操作后，当输入的文本长度不是18时，即会弹出提示窗口，如图2-2-6所示。

| 学生成绩表 | | | | | | | |
|---|---|---|---|---|---|---|---|
| 姓名 | 性别 | 身份证号 | 语文 | 数学 | 英语 | 总分 |
| 赵一 | | 1 | 84 | 85 | 99 | 268 |
| 钱二 | | | | 86 | 76 | 249 |
| 孙三 | | | | 91 | 93 | 274 |
| 李四 | | | 84 | 89 | 251 |
| 周五 | | | 79 | 92 | 257 |
| 吴六 | | | 85 | 79 | 242 |
| 郑七 | | 75 | 67 | 65 | 207 |
| 王九 | | 94 | 90 | 98 | 282 |

图 2-2-6　提示窗口

## 2. 设置输入信息时的提示

完成对单元格输入数据的长度限制设置后，可以设置输入信息时的提示信息，操作方法如下：

（1）选中 D3:D10 单元格区域，单击【数据】选项卡下【数据工具】组中的【数据验证】按钮。

（2）弹出数据验证对话框，选择【输入信息】选项卡，选中【选定单元格时显示输入信息】复选框，在标题文本框内输入"提示信息"，在输入信息文本框内输入"身份证号为18位，请正确输入！"，单击【确定】按钮，如图2-2-7所示。

（3）返回 Excel 工作表，选中设置了提示信息的单元格时，即可显示提示信息，效果如图2-2-8所示。

图 2-2-7　输入信息选项卡　　　　图 2-2-8　显示提示信息

### 3. 设置输错时的警告信息

在输入错误的数据时，可以设置警告信息提示，操作方法如下：

（1）选中 D3:D10 单元格区域，单击【数据】选项卡下【数据工具】组中的【数据验证】按钮。

（2）弹出数据验证对话框，选择【出错警告】选项卡，选中【输入无效数据时显示出错警告】选择框，在【样式】下拉列表中选择【停止】选项，在【标题】文本框内输入文字"错误警告"，在【错误信息】文本框内输入文字"请输入正确的身份证号格式"，单击【确定】按钮，如图 2-2-9 所示。

（3）如果输入错误数据时，即会弹出设置的警示信息，如图 2-2-10 所示。

图 2-2-9　出错警告选项卡

图 2-2-10　错误警告信息

### 4. 设置单元格的下拉按钮

在 Excel 工作表中，对数据设置有效性时，除了以上几种情况以外，还可以对某些要输入的字段设置下拉选项以方便输入，操作方法如下：

（1）选中 C3:C10 单元格区域，单击【数据】选项卡下【数据工具】选项组中的【数据验证】按钮。

（2）弹出数据验证对话框，选择【设置】选项卡，单击【验证条件】选项组【允许】文本框内的下拉按钮，在弹出的下拉列表中选择【序列】选项，如图 2-2-11 所示。

（3）在【来源】文本框中输入"男,女"，同时选中【忽略空值】和【提供下拉箭头】复选框，单击【确定】按钮，如图 2-2-12 所示。（注：输入的逗号为半角逗号）

图 2-2-11　数据验证对话框设置选项卡

图 2-2-12　在来源文本框中输入信息

（4）在性别列的单元格后显示下拉选项，单击下拉按钮，即可在下拉列表中选择性别，效果如图 2-2-13 所示。

| | | 学生成绩表 | |
|---|---|---|---|
| 姓名 | 性别 | 身份证号 | 语文 |
| 赵一 | | 220203200108054323 | 84 |
| 钱二 | 男<br>女 | 220211200106124321 | 87 |
| 孙三 | | 220283200107085643 | 90 |
| 李四 | | 220284200109224332 | 78 |
| 周五 | | 220281200107075324 | 86 |

图 2-2-13　设置完后的下拉按钮

（5）使用同样的方法在 C4:C10 单元格区域内完成输入。至此，单元格下拉按钮设置完成。

 高手大闯关　　　　　　　　　　　　扫一扫！看精彩视频

Step 1：设置数据长度

（1）运行"Excel 2016"程序，单击【文件 | 打开】，打开资源文件"Excel 资源 /2-2 资源 / 鑫海集团销售表"，如图 2-2-14 所示。

| | 鑫海集团销售表 | | | | |
|---|---|---|---|---|---|
| 销售地区 | 销售日期 | 订单编号 | 产品 | 销量 | 销售额 |
| | | | | 3000 | 59800.05 |
| | | | | 5400 | 77890.86 |
| | | | | 2900 | 34200.26 |
| | | | | 4000 | 67500.96 |
| | | | | 5000 | 72400.64 |
| | | | | 3500 | 61300.35 |

图 2-2-14　打开销售表

（2）设置"订单编号"字段，D3:D8 单元格文本长度为"6"，效果如图 2-2-15 所示。

| 销售地区 | 销售日期 | 订单编号 | 产品 | 销量 | 销售额 |
|---|---|---|---|---|---|
| 北京 | 2019/4/1 | 100101 | 家具 | 3000 | 59800.05 |
| 上海 | 2019/4/2 | 100102 | 电器 | 5400 | 77890.86 |
| 广州 | 2019/4/3 | 100103 | 家具 | 2900 | 34200.26 |
| 深圳 | 2019/4/4 | 100104 | 电器 | 4000 | 67500.96 |
| 杭州 | 2019/4/5 | 100105 | 电器 | 5000 | 72400.64 |
| 南京 | 2019/4/6 | 100106 | 家具 | 3500 | 61300.35 |

图 2-2-15　设置数据长度效果

Step 2：设置提示信息

在 G3:G8 单元格显示输入信息"输入提示　数据为带两位小数的正数"，效果如图 2-2-16 所示。

| 销售地区 | 销售日期 | 订单编号 | 产品 | 销量 | 销售额 |
|---|---|---|---|---|---|
| 北京 | 2019/4/1 | 100101 | 家具 | 3000 | 59800.05 |
| 上海 | 2019/4/2 | 100102 | 电器 | 5400 | 7789 |
| 广州 | 2019/4/3 | 100103 | 家具 | 2900 | 3420 |
| 深圳 | 2019/4/4 | 100104 | 电器 | 4000 | 6750 |
| 杭州 | 2019/4/5 | 100105 | 电器 | 5000 | 72400.64 |
| 南京 | 2019/4/6 | 100106 | 家具 | 3500 | 61300.35 |

图 2-2-16　设置销售额字段输入提示信息

Step 3：设置出错时警告信息

（1）在 C3:C8 单元格中设置日期限制，单击【数据】选项卡下【数据工具】组中的【数据验证】按钮，在弹出的【数据验证】对话框中，选择【设置】选项卡，单击【验证条件】选项组内的【允许】文本框右侧的下拉按钮，在弹出的选项列表中选择【日期】选项，在【数据】的下拉列表中选择【介于】，分别在【开始日期】中输入"2019-1-1"，在结束日期中输入"2019-12-31"，如图 2-2-17 所示。

（2）在出错警告选项卡中输入"错误提示"和"请输入正确的日期格式"，如图 2-2-18 所示。

图 2-2-17　分别输入开始日期和结束日期

图 2-2-18　出错警告

Step 4：设置下拉选项

（1）选中 B3:B8 单元格区域，单击【数据】选项卡下【数据工具】组中的【数据验证】按钮，在弹出的【数据验证】对话框中，选择【设置】选项卡，单击【验证条件】选项组内的【允许】文本框右侧的下拉按钮，在弹出的选项列表中选择【序列】选项，如图 2-2-19 所示。

（2）在【来源】文本框中输入"北京,上海,广州,深圳,杭州,南京"，如图 2-2-20 所示。

图 2-2-19　数据验证对话框设置选项卡

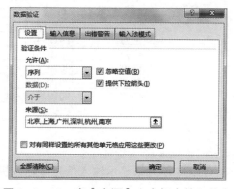

图 2-2-20　在【来源】文本框中输入信息

（3）最终形成如图 2-2-21 所示的效果。

| 销售地区 | 销售日期 | 订单编号 | 产品 | 销量 | 销售额 |
|---|---|---|---|---|---|
| 北京 | 2019/4/1 | 100101 | 家具 | 3000 | 59800.05 |
| 上海 | 2019/4/2 | 100102 | 电器 | 5400 | 77890.86 |
| 广州 | 2019/4/3 | 100103 | 家具 | 2900 | 34200.26 |
| 深圳 | 2019/4/4 | 100104 | 电器 | 4000 | 67500.96 |
| 杭州 | 2019/4/5 | 100105 | 电器 | 5000 | 72400.64 |
| 南京 | 2019/4/6 | 100106 | 家具 | 3500 | 61300.35 |

图 2-2-21　设置下拉选项效果

 高手勇拓展

完成如图 2-2-22 所示的"佳乐佳超市库存明细表"，源文件见资源文件"Excel 资源 /2-2 资源 / 佳乐佳超市库存明细表 .xlsx"。

| 序号 | 物品编号 | 物品名称 | 物品类别 | 上月剩余 | 本月入库 | 本月出库 | 本月结余 | 销售区域 | 审核人 | 次月预计购买数量 | 次月预计消耗数量 |
|---|---|---|---|---|---|---|---|---|---|---|---|
| 1001 | WP0001 | 方便面 | 方便食品 | 300 | 1000 | 980 | 320 | 食品区 | 张XX | 300 | 320 |
| 1002 | WP0002 | 圆珠笔 | 书写工具 | 85 | 20 | 60 | 45 | 学生用品区 | 赵XX | 30 | 40 |
| 1003 | WP0003 | 汽水 | 饮品 | 400 | 200 | 580 | 20 | 食品区 | 刘XX | 180 | 200 |
| 1004 | WP0004 | 火腿肠 | 方便食品 | 200 | 170 | 208 | 162 | 食品区 | 刘XX | 10 | 10 |
| 1005 | WP0005 | 笔记本 | 书写工具 | 52 | 20 | 60 | 12 | 学生用品区 | 王XX | 60 | 60 |
| 1006 | WP0006 | 手帕纸 | 生活用品 | 206 | 100 | 280 | 26 | 日用品区 | 张XX | 180 | 200 |
| 1007 | WP0007 | 面包 | 方便食品 | 180 | 150 | 170 | 160 | 食品区 | 张XX | 150 | 160 |
| 1008 | WP0008 | 醋 | 调味品 | 70 | 50 | 100 | 20 | 食品区 | 王XX | 30 | 40 |
| 1009 | WP0009 | 盐 | 调味品 | 80 | 65 | 102 | 43 | 食品区 | 张XX | 80 | 102 |
| 1010 | WP0010 | 乒乓球 | 体育用品 | 40 | 30 | 50 | 20 | 体育用品区 | 赵XX | 30 | 25 |
| 1011 | WP0011 | 羽毛球 | 体育用品 | 50 | 20 | 35 | 35 | 体育用品区 | 张XX | 20 | 35 |
| 1012 | WP0012 | 拖把 | 生活用品 | 20 | 20 | 28 | 12 | 日用品区 | 张XX | 18 | 20 |
| 1013 | WP0013 | 饼干 | 方便食品 | 160 | 160 | 200 | 120 | 食品区 | 王XX | 20 | 21 |
| 1014 | WP0014 | 牛奶 | 乳制品 | 112 | 210 | 298 | 24 | 食品区 | 王XX | 210 | 200 |
| 1015 | WP0015 | 雪糕 | 零食 | 80 | 360 | 408 | 32 | 食品区 | 李XX | 200 | 210 |
| 1016 | WP0016 | 洗衣粉 | 洗涤用品 | 60 | 160 | 203 | 17 | 日用品区 | 张XX | 160 | 203 |

佳乐佳超市库存明细表

图 2-2-22　预算表制作效果

小贴士　设置数据有效性时，与一些函数一起使用，会收到意想不到的效果。

# Excel 高手速成第三关——文本函数应用

学习目标：

从制作学生明细表入手，学习 Excel 工作表中 TEXT 函数、LEFT 函数、RIGHT 函数和 MID 函数的使用方法，掌握在 Excel 工作表中使用文本函数的技能。

## 高手抢"鲜"看

文本函数不仅用于把数值改成文本，用得妥当，还可以当作逻辑函数，可以附加变量、数组等。文本函数也是 Excel 函数与公式学习的基础之一，在我们的实际生活、学习、工作中，都有广泛运用。下面我们一起来学习利用文本函数快速完成学生明细表的制作（效果如图2-3-1 所示）。

### 旅游三班学生明细表

| 姓名 | 身份证号码 | 出生日期 | 性别 | 专业 | 籍贯 | 户籍所在省 | 户籍所在市 | 详细地址 |
|---|---|---|---|---|---|---|---|---|
| 孙尚香 | 445122198808186028 | 1988-08-18 | 女 | 旅游 | 江苏省南京市太东乡东河村 | 江苏省 | 南京市 | 太东乡东河村 |
| 狄仁杰 | 350206196505071034 | 1965-05-07 | 男 | 旅游 | 湖南省长沙市燉江街铁西北区 | 湖南省 | 长沙市 | 江街铁西北区 |
| 赵云 | 610401199912121111 | 1999-12-12 | 男 | 旅游 | 河北省常山市六道沟镇太平村 | 河北省 | 常山市 | 道沟镇太平村 |
| 墨子 | 370104200102104115X | 2001-02-04 | 男 | 旅游 | 山东省青岛市汉阳胡同88号 | 山东省 | 青岛市 | 阳胡同88号 |
| 桂雪玉 | 440402198809200000 | 1988-09-20 | 女 | 旅游 | 山西省大同市沙河镇长安村 | 山西省 | 大同市 | 沙河镇长安村 |
| 钟无艳 | 210202199409220000 | 1994-09-22 | 女 | 旅游 | 山东省淄博市七星镇长乐村 | 山东省 | 淄博市 | 七星镇长乐村 |
| 云烨 | 210307200208095421 | 2002-08-09 | 女 | 旅游 | 陕西省西安市蓝田县玉山村 | 陕西省 | 西安市 | 蓝田县玉山村 |

图 2-3-1　学生明细表制作效果

## 高手加油站

文本函数是指可以在公式中处理字符串的函数，它也具有改变大小写、连接文字串或者确定文字串的长度等功能。本关将重点介绍 Excel 电子表格中常用的文本函数。

### 1. TEXT 函数

TEXT 函数的功能是将数值转换为按指定数字格式表示的文本。其语法格式如下：

TEXT(value,format_text)

参数 value 为数值、计算结果为数字值的公式或对包含数字值的单元格的引用。

参数 format_text 为单元格格式对话框中数字选项卡上分类框中的文本形式的数字。

其 format_text（单元格格式）常用参数代码如图 2-3-2 所示。

| 单元格格式（Format_tex） | 数字（Value） | TEXT(A,B)（值） | 说明 |
|---|---|---|---|
| G/通用格式 | 10 | 10 | 常规格式 |
| "000.0" | 10.25 | 10.3 | 小数点前面不够三位以0补齐，保留1位小数，不足一位以0补齐 |
| #### | 10 | 10 | 没用的0一律不显示 |
| 00.## | 1.253 | 1.25 | 小数点前不足两位以0补齐，保留两位，不足两位不补位 |
| 正数；负数；零 | 1 | 正数 | 大于0，显示为"正数" |
| | 0 | 零 | 等于0，显示为"零" |
| | -1 | 负数 | 小于0，显示为"负数" |
| 0000-00-00 | 19820506 | 1982/5/6 | 按所示形式表示日期 |
| 0000年00月00日 | | 1982年5月6日 | |
| aaaa | 2014/3/1 | 星期六 | 显示为中文星期几全称 |
| aaa | 2014/3/1 | 六 | 显示为中文星期几简称 |
| dddd | 2007/12/31 | Monday | 显示为英文星期几全称 |

图 2-3-2　Format_text（单元格格式）常用参数代码

## 2. LEFT 函数

LEFT 函数的功能是基于所指定的字符数返回文本字符串中的第一个或前几个字符。LEFT 函数的语法格式如下：

LEFT（text,num_chars）

参数 text 表示包含要提取字符的文本字符串；参数 num_chars 指定函数 LEFT 所要提取的字符数。参数 num_chars 必须大于或等于 0，当等于 0 时函数的返回值为空；如果参数 num_chars 小于 0，则返回错误值"#VALUE!"；如果其取值大于文本长度，则返回所有的字符；如果省略，则默认为是 1。LEFT 函数的常见应用如图 2-3-3 所示。

| 大美吉林 | | |
|---|---|---|
| 函数 | 结果 | 说明 |
| =LEFT(A1,2) | 大美 | 返回A1中的前两个字符 |
| =LEFT(A1) | 大 | 省略参数num_chars，默认返回第一个字符 |
| =LEFT(A1,5) | 大美吉林 | 参数num_chars大于文本长度时，则返回所有字符 |
| =LEFT(A1,-1) | #VALUE! | 参数num_chars小于0时，返回错误值 |

图 2-3-3　LEFT 函数的常见应用

## 3. RIGHT 函数

RIGHT 函数的作用是根据所指定的字符数返回文本字符串中最后一个或多个字符。该函数的语法格式如下：

RIGHT(text,num_chars)

从表达式可以看出，这个函数只有两个参数。text 表示包含要提取字符的文本字符串；num_chars 指定函数 RIGHT 所要提取的字符数。参数 num_chars 等于 0 时，函数的返回值为空；参数 num_chars 小于 0 时，返回错误值"#VALUE!"；参数 num_chars 的取值大于文本长度时，则返回所有的字符；参数 num_chars 省略，则默认为是 1。该函数的常见应用如图 2-3-4 所示。

| 大美吉林 | | |
|---|---|---|
| 函数 | 结果 | 说明 |
| =RIGHT(A1,2) | 吉林 | 返回A1字符串中的最后两个字符 |
| =RIGHT(A1) | 林 | 省略参数num_chars，默认返回A1字符串最后一个字符 |
| =RIGHT(A1,5) | 大美吉林 | 参数num_chars大于文本长度时，返回所有字符 |
| =RIGHT(A1,-1) | #VALUE! | 参数num_chars小于0时，返回错误值 |

图 2-3-4　RIGHT 函数的常见应用

#### 4. MID 函数

MID 函数的功能是返回文本字符串中从指定位置开始的特定数目的字符，该数目由用户指定，字符包括空格。MID 函数的语法格式如下：

MID（text,start_num,num_chars）

参数 text 表示包含要提取字符的文本字符串；参数 start_num 表示文本中要提取的第一个字符的位置，文本中第一个字符的位置为 1，第二个字符的位置为 2，依次类推。参数 num_chars 指定函数从文本中返回字符的个数。

在使用 MID 函数时，需要注意以下几点：

（1）如果参数 start_num 大于文本长度，则函数返回空值。

（2）如果参数 start_num 小于文本长度，但参数 start_num 加上 num_chars 超过了文本的长度，则函数返回要提取的第一个字符直到最后一个字符。

（3）如果参数 start_num 小于 1，参数 num_chars 是负数，则返回错误值"#VALUE!"。

MID 函数的常见应用如图 2-3-5 所示。

| 大美吉林加油！ | | |
|---|---|---|
| 函数 | 结果 | 说明 |
| =MID(A1,5,2) | 加油 | 返回A1字符串中第5个字符起的两个字符 |
| '=MID(A1,-1,2) | #VALUE! | 参数start_num小于0, 返回错误值 |
| =MID(A1,5,-1) | #VALUE! | 参数num_chars小于0, 返回错误值 |

图 2-3-5　MID 函数的常见应用

高手大闯关　　　　　　扫一扫！看精彩视频

Step 1：打开文件

运行"Excel 2016"程序，单击【文件|打开】，打开资源文件"Excel 资源 /2-3 资源 / 旅游三班学生明细表"，出现如图 2-3-6 所示的界面。

### 旅游三班学生明细表

| 姓名 | 身份证号码 | 出生日期 | 性别 | 专业 | 籍贯 | 户籍所在省 | 户籍所在市 | 详细地址 |
|---|---|---|---|---|---|---|---|---|
| 孙尚香 | 445122198808186028 | | | 旅游 | 江苏省南京市太东乡东河村 | | | |
| 狄仁杰 | 350206196505071034 | | | 旅游 | 湖南省长沙市嫩江街铁西北区 | | | |
| 赵云 | 610401199912121111 | | | 旅游 | 河北省常山市六道沟镇太平村 | | | |
| 墨子 | 37010420010204115X | | | 旅游 | 山东省青岛市汉阳胡同88号 | | | |
| 桂雷玉 | 440402198809200000 | | | 旅游 | 山西省大同市沙河镇长安村 | | | |
| 钟无艳 | 210202199409220000 | | | 旅游 | 山东省淄博市七星镇长乐村 | | | |
| 云烨 | 210307200208095421 | | | 旅游 | 陕西省西安市蓝田县玉山村 | | | |

图 2-3-6　旅游三班学生明细表

Step 2：使用 TEXT 函数和 MID 函数，分别提取身份证号码中的出生日期和性别

（1）从身份证号码中提取出生日期，使用 TEXT 函数可以很容易实现。选中旅游三班学生明细表 D3 单元格，在该单元格设置公式为：=TEXT（MID(C3,7,8),"0000-00-00"）。该操作首先使用 MID 函数从身份证号码中的第 7 位开始提取 8 个数字出来，这部分就是出生日期，再用 TEXT 函数将这个 8 位数字以"0000-00-00"的格式显示，此时得到出生日期格式，如图 2-3-7 所示。

（2）在身份证号码中，除了含有出生日期之外，还能判断性别。身份证号码的倒数第二位表示性别，男性为奇数，女性为偶数。根据这个规则，可以在 E3 单元格中设置公式：=TEXT(MOD(MID(C3,17,1),2)," 男 ;; 女 ")。

该操作首先用 MID 函数提取 18 位身份证号码中的第 17 位，即 MID(C3,17,1)；再用 MOD 函数，结果是余数。本例中被除数是身份证号码的第 17 位数字，除数是 2，当被除数是偶数时，余数为零，反之余数为 1，利用 TEXT 的四段分类显示规则"正 ; 负 ; 零 ; 文本"，将正数定义为"男"，零定义为"女"，就实现了提取性别的目的，如图 2-3-8 所示。

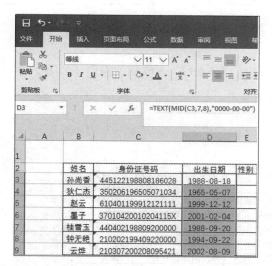

图 2-3-7 使用 TEXT 函数提取身份证号码的出生日期 　　图 2-3-8 使用 TEXT 函数判断性别

Step 3：使用 LEFT 函数提取户籍所在省

在编辑旅游三班学生明细表时，会遇到将录取学生的家庭住址分别设置为"户籍所在省""户籍所在市""详细地址"，此时可以使用 LEFT 函数提取字符，在 H3 单元格中输入公式"=LEFT(G3,3)"完成相关操作，如图 2-3-9 所示。

| | | | fx | =LEFT(G3,3) | | |
|---|---|---|---|---|---|---|

| B | C | D | E | F | G | H |
|---|---|---|---|---|---|---|
| | | | | | 旅游三班学生明细表 | |
| 姓名 | 身份证号码 | 出生日期 | 性别 | 专业 | 籍贯 | 户籍所在省 |
| 孙尚香 | 445122198808186028 | 1988-08-18 | 女 | 旅游 | 江苏省南京市太东乡东河村 | 江苏省 |
| 狄仁杰 | 350206196505071034 | 1965-05-07 | 男 | 旅游 | 湖南省长沙市嫩江街铁西北区 | 湖南省 |
| 赵云 | 610401199912121111 | 1999-12-12 | 男 | 旅游 | 河北省常山市六道沟镇太平村 | 河北省 |
| 墨子 | 37010420010204115X | 2001-02-04 | 男 | 旅游 | 山东省青岛市汉阳胡同88号 | 山东省 |
| 桂雪玉 | 440402198809200000 | 1988-09-20 | 女 | 旅游 | 山西省大同市沙河镇长安村 | 山西省 |
| 钟无艳 | 210202199409220000 | 1994-09-22 | 女 | 旅游 | 山东省淄博市七星镇长乐村 | 山东省 |
| 云烨 | 210307200208095421 | 2002-08-09 | 女 | 旅游 | 陕西省西安市蓝田县玉山村 | 陕西省 |

图 2-3-9 使用 LEFT 函数提取户籍在省

Step 4：使用 RIGHT 函数提取详细地址

选中 J3 单元格，使用 RIGHT 函数输入公式" =RIGHT（G3,6）"完成相关操作，如图 2-3-10 所示。

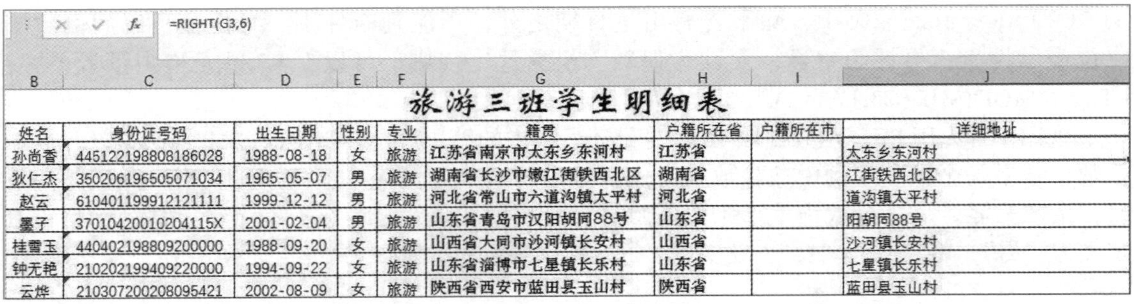

=RIGHT(G3,6)

| 姓名 | 身份证号码 | 出生日期 | 性别 | 专业 | 籍贯 | 户籍所在省 | 户籍所在市 | 详细地址 |
|---|---|---|---|---|---|---|---|---|
| 孙尚香 | 445122198808186028 | 1988-08-18 | 女 | 旅游 | 江苏省南京市太东乡东河村 | 江苏省 | | 太东乡东河村 |
| 狄仁杰 | 350206196505071034 | 1965-05-07 | 男 | 旅游 | 湖南省长沙市嫩江街铁西北区 | 湖南省 | | 江街铁西北区 |
| 赵云 | 610401199912121111 | 1999-12-12 | 男 | 旅游 | 河北省常山市六道沟镇太平村 | 河北省 | | 道沟镇太平村 |
| 墨子 | 37010420010204115X | 2001-02-04 | 男 | 旅游 | 山东省青岛市汉阳胡同88号 | 山东省 | | 阳胡同88号 |
| 桂雷玉 | 440402198809200000 | 1988-09-20 | 女 | 旅游 | 山西省大同市沙河镇长安村 | 山西省 | | 沙河镇长安村 |
| 钟无艳 | 210202199409220000 | 1994-09-22 | 女 | 旅游 | 山东省淄博市七星镇长乐村 | 山东省 | | 七星镇长乐村 |
| 云烨 | 210307200208095421 | 2002-08-09 | 女 | 旅游 | 陕西省西安市蓝田县玉山村 | 陕西省 | | 蓝田县玉山村 |

图 2-3-10　使用 RIGHT 函数提取详细地址

**Step 5：使用 MID 函数提取户籍所在市**

选中 I3 单元格，使用 MID 函数输入公式"=MID（G3,4,3）"完成相关操作，如图 2-3-11 所示。

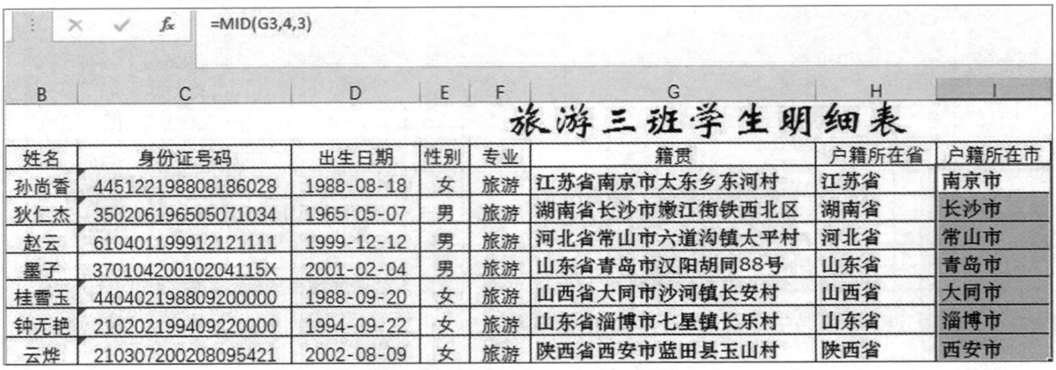

=MID(G3,4,3)

### 旅游三班学生明细表

| 姓名 | 身份证号码 | 出生日期 | 性别 | 专业 | 籍贯 | 户籍所在省 | 户籍所在市 |
|---|---|---|---|---|---|---|---|
| 孙尚香 | 445122198808186028 | 1988-08-18 | 女 | 旅游 | 江苏省南京市太东乡东河村 | 江苏省 | 南京市 |
| 狄仁杰 | 350206196505071034 | 1965-05-07 | 男 | 旅游 | 湖南省长沙市嫩江街铁西北区 | 湖南省 | 长沙市 |
| 赵云 | 610401199912121111 | 1999-12-12 | 男 | 旅游 | 河北省常山市六道沟镇太平村 | 河北省 | 常山市 |
| 墨子 | 37010420010204115X | 2001-02-04 | 男 | 旅游 | 山东省青岛市汉阳镇同88号 | 山东省 | 青岛市 |
| 桂雷玉 | 440402198809200000 | 1988-09-20 | 女 | 旅游 | 山西省大同市沙河镇长安村 | 山西省 | 大同市 |
| 钟无艳 | 210202199409220000 | 1994-09-22 | 女 | 旅游 | 山东省淄博市七星镇长乐村 | 山东省 | 淄博市 |
| 云烨 | 210307200208095421 | 2002-08-09 | 女 | 旅游 | 陕西省西安市蓝田县玉山村 | 陕西省 | 西安市 |

图 2-3-11　使用 MID 函数提取户籍所在市

至此，旅游三班学生明细表的制作完成。

**高手勇拓展**

参照如图 2-3-12 所示的"大高公司员工明细表"原文件效果图，源文件见资源文件"Excel 资源 /2-3 资源 / 大高公司员工明细表 .xlsx"，最终完成如图 2-3-13 所示效果。

### 大高公司员工明细表

| 序号 | 部门 | 职位 | 姓名 | 身份证号 | 出生日期 | 性别 | 籍贯 | 户籍所在省 | 户籍所在市 | 详细地址 |
|---|---|---|---|---|---|---|---|---|---|---|
| 1 | 管理 | 出纳 | 姚茵茵 | 44058219890922XXXX | | | 广东省汕头市大口角村 | | | |
| 2 | 管理 | 会计 | 王雪 | 22228319981128XXXX | | | 吉林省图们市江心镇 | | | |
| 3 | 行政 | 经理 | 张健 | 22028219990125XXXX | | | 吉林省长春市万金乡黄家堡 | | | |
| 4 | 行政 | 经理 | 郡誉玮 | 22028319911127XXXX | | | 吉林省吉林市江南乡子树村 | | | |
| 5 | 行政 | 副经理 | 伊玉禄 | 22028119920615XXXX | | | 吉林省临江市二道江区 | | | |
| 6 | 行政 | 副经理 | 商笑铭 | 22040319940209XXXX | | | 吉林省白山市四道合子村 | | | |
| 7 | 后勤 | 工人 | 马骏 | 22028519910415XXXX | | | 吉林省桦甸市红石镇江南街 | | | |
| 8 | 后勤 | 工人 | 高建 | 22028419861212XXXX | | | 吉林省敦化市雁鸣湖镇 | | | |
| 9 | 后勤 | 工人 | 刘云飞 | 22028219900219XXXX | | | 吉林省安图县汉阳胡同 | | | |
| 10 | 后勤 | 工人 | 王世晨 | 23028319970111XXXX | | | 黑龙江省大庆市扶余村 | | | |
| 11 | 后勤 | 工人 | 李敬玮 | 22028219990601XXXX | | | 吉林省舒兰市吉舒镇白家村 | | | |
| 12 | 后勤 | 工人 | 张佳毅 | 22028319971211XXXX | | | 吉林省梅河口市上进村 | | | |

图 2-3-12　大高公司员工明细表效果

## 大高公司员工明细表

| 序号 | 部门 | 职位 | 姓名 | 身份证号 | 出生日期 | 性别 | 籍贯 | 户籍所在省 | 户籍所在市 | 详细地址 |
|---|---|---|---|---|---|---|---|---|---|---|
| 1 | 管理 | 出纳 | 姚茵茵 | 44058219890922XXXX | 1989-09-22 | 女 | 广东省汕头市大口角村 | 广东省 | 汕头市 | 口角村 |
| 2 | 管理 | 会计 | 王雪 | 22228319981128XXXX | 1998-11-28 | 女 | 吉林省图们市江心镇 | 吉林省 | 图们市 | 江心镇 |
| 3 | 行政 | 经理 | 张健 | 22028219990125XXXX | 2199-90-12 | 女 | 吉林省长春市万金乡黄家堡 | 吉林省 | 长春市 | 黄家堡 |
| 4 | 行政 | 经理 | 邵誉玮 | 22028319911127XXXX | 1991-11-27 | 男 | 吉林省吉林市江南乡于树村 | 吉林省 | 吉林市 | 于树村 |
| 5 | 行政 | 副经理 | 伊玉禄 | 22028119920615XXXX | 1992-06-15 | 男 | 吉林省临江市二道江区 | 吉林省 | 临江市 | 道江区 |
| 6 | 行政 | 副经理 | 商笑铭 | 22040319940209XXXX | 1994-02-09 | 男 | 吉林省白山市四道合子村 | 吉林省 | 白山市 | 合子村 |
| 7 | 后勤 | 工人 | 马骏 | 22028519910415XXXX | 1991-04-15 | 男 | 吉林省桦甸市红石镇江南街 | 吉林省 | 桦甸市 | 江南街 |
| 8 | 后勤 | 工人 | 高建 | 22028419861212XXXX | 1986-12-12 | 女 | 吉林省敦化市雁鸣湖镇 | 吉林省 | 敦化市 | 鸣湖镇 |
| 9 | 后勤 | 工人 | 刘云飞 | 22020219900219XXXX | 1990-02-19 | 男 | 吉林省安图县汉阳胡同 | 吉林省 | 安图县 | 阳胡同 |
| 10 | 后勤 | 工人 | 王世晨 | 23028319970111XXXX | 1997-01-11 | 男 | 黑龙江省大庆市扶余村 | 黑龙江 | 省大庆 | 扶余村 |
| 11 | 后勤 | 工人 | 李敬玮 | 22028219990601XXXX | 1999-06-01 | 男 | 吉林省舒兰市吉舒镇白家村 | 吉林省 | 舒兰市 | 白家村 |
| 12 | 后勤 | 工人 | 张佳毅 | 22028319971211XXXX | 1997-12-11 | 男 | 吉林省梅河口市上进村 | 吉林省 | 梅河口 | 上进村 |

图 2-3-13　大高公司员工明细表结果文件效果

小贴士

文本函数 TEXT 有着十分强大的功能，与其他函数一起使用，往往会收到意想不到的效果。

## 高手速成第四关——数据条件求和

学习目标：

　　从制作梁山泊公司员工工资表案例入手，学习 Excel 工作表单元格地址引用的方法及 SUMIF 函数和 SUMIFS 函数的使用，掌握使用以上函数完成多条件下的计算技能。

### 高手抢"鲜"看

　　在实际使用 Excel 工作时，有时会遇到对含有一定条件的数据进行求和的运算，熟练使用 SUMIF 函数和 SUMIFS 函数会收到事半功倍的效果。下面我们一起来学习利用这两个函数完成员工工资表的制作（制作效果如图 2-4-1 所示）。

M9 | =SUMIFS(E3:E12,C3:C12,K9,D3:D12,L9)

### 梁山泊公司员工工资表

| 姓名 | 性别 | 职称 | 基础工资 | 岗位工资 | 津贴 | 五险一金 | 实发工资 | | 性别 | 基础工资总计 | |
|---|---|---|---|---|---|---|---|---|---|---|---|
| 宋 江 | 男 | 正教授 | 5000 | 3000 | 6000 | 2500 | 11500 | | 男 | 基础工资总计 | |
| 卢俊义 | 男 | 正教授 | 5000 | 3000 | 5500 | 2250 | 11250 | | | 29500 | |
| 吴 用 | 男 | 副教授 | 4500 | 2000 | 5000 | 2000 | 9500 | | | | |
| 关 胜 | 男 | 副教授 | 4500 | 2000 | 5000 | 2000 | 9500 | | | | |
| 林 冲 | 男 | 副教授 | 4500 | 2000 | 5000 | 2000 | 9500 | | | | |
| 鲁志深 | 男 | 讲师 | 3000 | 1500 | 4500 | 1500 | 7500 | | 性别 | 职称 | 基础工资总计 |
| 武 松 | 男 | 讲师 | 3000 | 1500 | 4500 | 1500 | 7500 | | 男 | 副教授 | 13500 |
| 孙二娘 | 女 | 讲师 | 3000 | 1500 | 4500 | 1500 | 7500 | | | | |
| 顾大嫂 | 女 | 讲师 | 3000 | 1500 | 4500 | 1500 | 7500 | | | | |
| 扈三娘 | 女 | 副教授 | 4500 | 2000 | 5000 | 2000 | 9500 | | | | |

图 2-4-1　员工工资表制作效果

### 高手加油站

## 1. 单元格引用

　　在利用公式进行运算时，单元格的引用是非常重要的。Excel 将单元格的引用分为三种方式：相对引用、绝对引用和混合引用。在学习函数之前，我们先来看单元格引用的这三种方式。

（1）相对引用。

相对引用是指将含有公式的单元格复制到其他地方时，公式内的从属单元格会根据目的单元格发生一定变化的引用方式。例如，在单元格 C7 内输入公式“=C5+C6”，再将单元格复制至 D7 中。这时，选择就是相对引用方式，则 D7 中输入的公式是“=D5+D6”。如图 2-4-2 和图 2-4-3 所示。

=C5+C6

| B | C | D | E |
|---|---|---|---|
| 相对引用 | | | |
| | | | |
| | 一月 | 二月 | 三月 |
| 个数1 | 1000 | 2000 | 3000 |
| 个数2 | 2000 | 3000 | 4000 |
| 总共 | 3000 | 5000 | 7000 |

图 2-4-2　相对引用之前公式

=D5+D6

| B | C | D | E |
|---|---|---|---|
| 相对引用 | | | |
| | | | |
| | 一月 | 二月 | 三月 |
| 个数1 | 1000 | 2000 | 3000 |
| 个数2 | 2000 | 3000 | 4000 |
| 总共 | 3000 | 5000 | 7000 |

图 2-4-3　相对引用之后公式

（2）绝对引用。

绝对引用是指不受目的单元格的影响，公式内的从属单元格恒定不变的一种引用方式。绝对引用时，需要在行号列标前添加“$”。例如，设单元格 H5 为绝对引用时输入“$H$5”，H6 单元格引用时输入“$H$6”，单元格 H7 输入公式为：“=$H$5+$H$6”，其结果如图 2-4-4 所示。

| G | H | I | J |
|---|---|---|---|
| 绝对引用 | | | |
| | | | |
| | 一月 | 二月 | 三月 |
| 个数1 | 1000 | 2000 | 3000 |
| 个数2 | 2000 | 3000 | 4000 |
| 总共 | 3000 | 3000 | 3000 |

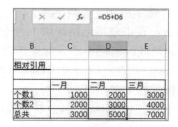

图 2-4-4　绝对地址引用公式

为公式指定单元格的操作是相对引用。要将相对引用变更为绝对引用时，选定需要变更引用形式的区域并按 F4 键。按 F4 键可切换选定部分的引用形式。

（3）混合引用。

混合引用是指仅固定行或列中一方的引用方式。混合引用是一种生成矩阵表时非常实用的引用方式，行和列上分别罗列计算用值，在交叉位置显示计算结果。图 2-4-5 所示为“九九乘法表”，其中就用到了混合引用的技巧。

B5　=$A5*B$4

| | A | B | C | D | E | F | G | H | I | J |
|---|---|---|---|---|---|---|---|---|---|---|
| 1 | 混合引用 | | | | | | | | | |
| 2 | | | | | | | | | | |
| 3 | 使用混合引用生成九九乘法表 | | | | | | | | | |
| 4 | | 1 | 2 | 3 | 4 | 5 | 6 | 7 | 8 | 9 |
| 5 | 1 | 1 | 2 | 3 | 4 | 5 | 6 | 7 | 8 | 9 |
| 6 | 2 | 2 | 4 | 6 | 8 | 10 | 12 | 14 | 16 | 18 |
| 7 | 3 | 3 | 6 | 9 | 12 | 15 | 18 | 21 | 24 | 27 |
| 8 | 4 | 4 | 8 | 12 | 16 | 20 | 24 | 28 | 32 | 36 |
| 9 | 5 | 5 | 10 | 15 | 20 | 25 | 30 | 35 | 40 | 45 |
| 10 | 6 | 6 | 12 | 18 | 24 | 30 | 36 | 42 | 48 | 54 |
| 11 | 7 | 7 | 14 | 21 | 28 | 35 | 42 | 49 | 56 | 63 |
| 12 | 8 | 8 | 16 | 24 | 32 | 40 | 48 | 56 | 64 | 72 |
| 13 | 9 | 9 | 18 | 27 | 36 | 45 | 54 | 63 | 72 | 81 |

图 2-4-5　混合引用公式范例“九九乘法表”

## 2. SUMIF 函数

SUMIF 函数是重要的数学和三角函数，在 Excel 2016 工作表的实际操作中应用广泛，其功能是根据指定条件对指定的若干单元格求和。使用该函数可以在选中的范围内求与检索条件一致的单元格对应的合计范围的数值。SUMIF 函数的语法格式如下：

SUMIF（range,criteria,sum_range）

range：选定的用于条件判断的单元格区域。

criteria：在指定单元格区域内检索符合条件的单元格，其形式可以是数字、表达式或文本。直接在单元格或编辑栏中输入检索条件时，需要加英文双引号。

sum_range：选定的需要求和的单元格区域。该参数忽略求和的单元格区域内包含的空白单元格、逻辑值或文本。

接下来，使用 SUMIF 函数对例表中的科目求和，如图 2-4-6 所示。

G3　=SUMIF($B$3:$B$8,F3,$C$3:$C$8)

| | A | B | C | D | E | F | G |
|---|---|---|---|---|---|---|---|
| 1 | 第一学期科目总分统计表 | | | | | | |
| 2 | 周考 | 科目 | 分数 | | | 科目 | 总分 |
| 3 | 第一周 | 计算机 | 95 | | | 计算机 | 188 |
| 4 | 第二周 | 职业道德 | 96 | | | 职业道德 | 191 |
| 5 | 第三周 | 平面设计 | 94 | | | 平面设计 | 185 |
| 6 | 第四周 | 计算机 | 93 | | | | |
| 7 | 第五周 | 职业道德 | 95 | | | | |
| 8 | 第六周 | 平面设计 | 91 | | | | |

图 2-4-6　使用 SUMIF 函数对科目求和

在上面的例子中，对 F3（求和条件）和单元格区域 B3:B8 的值依次进行比较，仅在满足条件时，对单元格区域 C3:C8 中对应的值进行求和并显示。

另外，求和条件中还可指定“>=95”或“<95”这类使用了不等号的表达式，分别表示“是否大于等于 95”或“是否小于 95”这样的判定式。

## 3. SUMIFS 函数

使用 SUMIFS 函数可快速对多条件单元格求和。SUMIFS 函数功能十分强大，可以通过不同范围的条件，求规定范围的和。SUMIFS 函数的语法格式如下：

SUMIFS(sum_range, criteria_range1, criteria1, [criteria_range2, criteria2], ...)

criteria_range1：计算关联条件的第一个区域。

criteria 1：条件 1，条件的形式为数字、表达式、单元格引用或者文本，可用来定义将对 criteria_range1 参数中的哪些单元格求和。

criteria_range2：计算关联条件的第二个区域。

criteria 2：条件 2，均成对出现。最多允许 127 个区域、条件对，即参数总数不超 255 个。

sum_range：需要求和的实际单元格，包括数字或包含数字的名称、区域或单元格引用，忽略空白值和文本值。

接下来，使用 SUMIFS 函数对带有一定条件的科目进行求和，如图 2-4-7 所示。

| H3 | | | | | =SUMIFS(D3:D11,B3:B11,F3,C3:C11,G3) | | | |
|---|---|---|---|---|---|---|---|

| | A | B | C | D | E | F | G | H |
|---|---|---|---|---|---|---|---|---|
| 1 | 第一学期科目总分统计表 | | | | | | | |
| 2 | 周考 | 性别 | 科目 | 分数 | | 性别 | 科目 | 总分 |
| 3 | 第一周 | 男 | 计算机 | 95 | | 男 | 计算机 | 184 |
| 4 | 第二周 | 女 | 职业道德 | 96 | | 女 | 职业道德 | 191 |
| 5 | 第三周 | 女 | 平面设计 | 94 | | 女 | 平面设计 | 278 |
| 6 | 第四周 | 女 | 计算机 | 93 | | | | |
| 7 | 第五周 | 女 | 职业道德 | 95 | | | | |
| 8 | 第六周 | 女 | 平面设计 | 91 | | | | |
| 9 | 第七周 | 男 | 计算机 | 89 | | | | |
| 10 | 第八周 | 男 | 职业道德 | 97 | | | | |
| 11 | 第九周 | 女 | 平面设计 | 93 | | | | |

图 2-4-7　使用 SUMIFS 函数求和

在上面的例子中，对单元格区域 D3:D11 中对应的值进行求和并显示，第一个求和条件区域是 B3:B11，对应的求和条件是 F3；第二个求和条件区域是 C3:C11，对应的求和条件是 G3。根据以上条件，对符合条件的区域的值依次进行比较，然后求和。

 高手大闯关

扫一扫！看精彩视频

Step 1：打开文件

（1）运行"Excel 2016"程序，单击【文件 | 打开】，打开资源文件"Excel 资源 /2-4 资源 /梁山泊工资明细表"，出现如图 2-4-8 所示的界面。

| | B | C | D | E | F | G | H | I |
|---|---|---|---|---|---|---|---|---|
| 1 | 梁山泊公司员工工资表 | | | | | | | |
| 2 | 姓名 | 性别 | 职称 | 基础工资 | 岗位工资 | 津贴 | 五险一金 | 实发工资 |
| 3 | 宋 江 | 男 | 正教授 | 5000 | 3000 | 6000 | 2500 | |
| 4 | 卢俊义 | 男 | 正教授 | 5000 | 3000 | 5500 | 2250 | |
| 5 | 吴 用 | 男 | 副教授 | 4500 | 2000 | 5000 | 2000 | |
| 6 | 关 胜 | 男 | 副教授 | 4500 | 2000 | 5000 | 2000 | |
| 7 | 林 冲 | 男 | 副教授 | 4500 | 2000 | 5000 | 2000 | |
| 8 | 鲁志深 | 男 | 讲师 | 3000 | 1500 | 4500 | 1500 | |
| 9 | 武 松 | 男 | 讲师 | 3000 | 1500 | 4500 | 1500 | |
| 10 | 孙二娘 | 女 | 讲师 | 3000 | 1500 | 4500 | 1500 | |
| 11 | 顾大嫂 | 女 | 讲师 | 3000 | 1500 | 4500 | 1500 | |
| 12 | 扈三娘 | 女 | 副教授 | 4500 | 2000 | 5000 | 2000 | |

图 2-4-8　工资明细表

（2）使用 SUM 函数求出 I3 所在单元格"实发工资"，如图 2-4-9 所示。

图 2-4-9　使用 SUM 函数求出实发工资

Step 2：SUMIF 函数

使用 SUMIF 函数，求男教师基础工资总和，如图 2-4-10 所示。

图 2-4-10　使用 SUMIF 函数求男教师的基础工资总和

最终完成如图 2-4-11 所示的结果。

图 2-4-11　使用 SUMIF 函数求男教师的基础工资总和结果

Step 3：SUMIFS 函数

使用 SUMIFS 函数，求职称是副教授的男教师基础工资总和，如图 2-4-12 所示。

图 2-4-12　使用 SUMIFS 函数求职称是副教授的男教师基础工资总和

最终完成如图 2-4-13 所示的结果。

图 2-4-13　使用 SUMIFS 函数求职称是副教授的男教师基础工资总和结果

## 高手勇拓展

完成如图 2-4-14 和图 2-4-15 所示的新天地超市二季度销售统计表和科目总分统计表，源文件见资源文件"Excel 资源 /2-4 资源 / 新天地超市二季度销售统计表 .xlsx"和"科目总分统计表 .xlsx"。

图 2-4-14　新天地超市二季度销售统计表

| H3 | ▼ | : | × | ✓ | fx | =SUMIF(C3:C11,G3:G5,D3:D11) | | | | | |
|---|---|---|---|---|---|---|---|---|---|---|---|

| | A | B | C | D | E | F | G | H | I | J | K | L |
|---|---|---|---|---|---|---|---|---|---|---|---|---|
| 1 | 科目总分统计表 | | | | | | | | | | | |
| 2 | 周考 | 性别 | 科目 | 分数 | | | 科目 | 总分 | | 科目 | 性别 | 总分 |
| 3 | 第一周 | 男 | 数学 | 95 | | | 数学 | 286 | | 数学 | 女 | 191 |
| 4 | 第二周 | 女 | 语文 | 96 | | | 语文 | 290 | | 语文 | 男 | 194 |
| 5 | 第三周 | 男 | 英语 | 94 | | | 英语 | 275 | | 英语 | 男 | 184 |
| 6 | 第四周 | 女 | 数学 | 93 | | | | | | | | |
| 7 | 第五周 | 男 | 语文 | 95 | | | | | | | | |
| 8 | 第六周 | 女 | 英语 | 91 | | | | | | | | |
| 9 | 第七周 | 女 | 数学 | 98 | | | | | | | | |
| 10 | 第八周 | 男 | 语文 | 99 | | | | | | | | |
| 11 | 第九周 | 男 | 英语 | 90 | | | | | | | | |

图 2-4-15　科目总分统计表

小贴士

练习案例时，当判定对象为字符串时，可以使用"*"（星号）或者"?"（问号）等通配符来指定"模糊条件"。

# Excel 高手速成第五关——查找数据使用

**学习目标：**

从制作员工信息表入手，学习 Excel 工作表中查找函数——LOOKUP 函数、VLOOKUP 函数和 COLUMN 函数的使用方法，掌握在 Excel 表格中查找数据的技能。

## 高手抢“鲜”看

在实际使用 Excel 工作时，有时需要对数据表中的数据进行查找，Excel 2016 提供了强大的查找函数 LOOKUP 函数、VLOOKUP 函数和 COLUMN 函数。下面我们一起来用以上函数完成员工信息表的制作（效果如图 2-5-1 所示）。

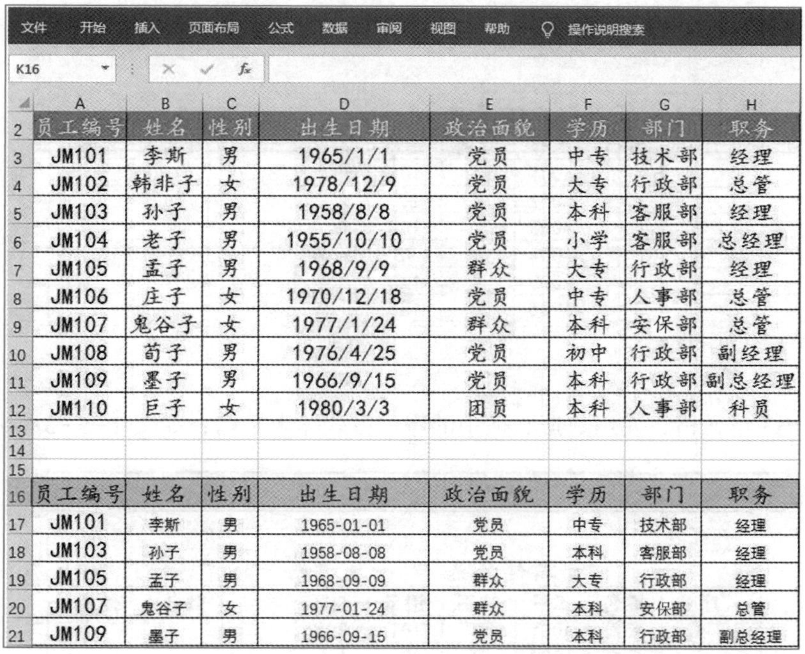


| 员工编号 | 姓名 | 性别 | 出生日期 | 政治面貌 | 学历 | 部门 | 职务 |
|---|---|---|---|---|---|---|---|
| JM101 | 李斯 | 男 | 1965/1/1 | 党员 | 中专 | 技术部 | 经理 |
| JM102 | 韩非子 | 女 | 1978/12/9 | 党员 | 大专 | 行政部 | 总管 |
| JM103 | 孙子 | 男 | 1958/8/8 | 党员 | 本科 | 客服部 | 经理 |
| JM104 | 老子 | 男 | 1955/10/10 | 党员 | 小学 | 客服部 | 总经理 |
| JM105 | 孟子 | 男 | 1968/9/9 | 群众 | 大专 | 行政部 | 经理 |
| JM106 | 庄子 | 女 | 1970/12/18 | 党员 | 中专 | 人事部 | 总管 |
| JM107 | 鬼谷子 | 女 | 1977/1/24 | 群众 | 本科 | 安保部 | 总管 |
| JM108 | 荀子 | 男 | 1976/4/25 | 党员 | 初中 | 行政部 | 副经理 |
| JM109 | 墨子 | 男 | 1966/9/15 | 党员 | 本科 | 行政部 | 副总经理 |
| JM110 | 巨子 | 女 | 1980/3/3 | 团员 | 本科 | 人事部 | 科员 |

| 员工编号 | 姓名 | 性别 | 出生日期 | 政治面貌 | 学历 | 部门 | 职务 |
|---|---|---|---|---|---|---|---|
| JM101 | 李斯 | 男 | 1965-01-01 | 党员 | 中专 | 技术部 | 经理 |
| JM103 | 孙子 | 男 | 1958-08-08 | 党员 | 本科 | 客服部 | 经理 |
| JM105 | 孟子 | 男 | 1968-09-09 | 群众 | 大专 | 行政部 | 经理 |
| JM107 | 鬼谷子 | 女 | 1977-01-24 | 群众 | 本科 | 安保部 | 总管 |
| JM109 | 墨子 | 男 | 1966-09-15 | 党员 | 本科 | 行政部 | 副总经理 |

图 2-5-1　员工信息表制作效果

高手加油站

查找与引用函数用于在数据表中查找特定数值或者定位。常用的查找与引用函数包括LOOKUP 函数、VLOOKUP 函数和 COLUMN 函数等。

## 1. LOOKUP 函数

LOOKUP 函数的功能是从向量或数组中查找符合条件的数值。

该函数有两种语法形式，即向量和数组。向量形式是指从一行或一列的区域内查找符合条件的数值。向量形式的 LOOKUP 函数按照在单行区域或单列区域查找的数值，返回第二个单行区域或单列区域中相同位置的数值。数组形式是指在数组的首行或首列中查找符合条件的数值，然后返回数组的尾行或尾列中相同位置的数值。本节介绍向量形式的 LOOKUP 函数语法格式。

其语法格式如下：

LOOKUP（lookup_value,lookup_vector,result_vector）

lookup_value：在单行或单列区域内要查找的值，可以是数字、文本、逻辑值或者包含名称的数值或引用。

lookup_vector：指定的单行或单列的查找区域。其数值必须按升序排列，文本不区分大小写。

result_vector：指定的函数返回值的单元格区域。其大小必须与 lookup_vector 相同，如果 lookup_value 小于 lookup_vector 的最小值，则函数 LOOKUP 返回错误值 "#N/A"。

例如，在"员工销售表"中，使用 LOOKUP 函数查找每位员工对应的销售量，如图 2-5-2 所示。

| 序号 | 姓名 | 工号 | 性别 | 销量 | 地区 | | 姓名 | 销量 |
|---|---|---|---|---|---|---|---|---|
| 1 | 唐僧 | A001 | 男 | 101 | 北京 | | | |
| 2 | 悟空 | A002 | 男 | 201 | 青岛 | | | |
| 3 | 白骨精 | A003 | 女 | 108 | 西安 | | | |
| 4 | 沙僧 | A004 | 男 | 98 | 天津 | | | |
| 5 | 王母 | A005 | 女 | 173 | 北京 | | | |
| 6 | 玉帝 | A006 | 男 | 186 | 上海 | | | |

图 2-5-2　员工销售表

（1）选中 H3 单元格，使用数据验证中的序列方式输入姓名，如图 2-5-3 所示。

| 序号 | 姓名 | 工号 | 性别 | 销量 | 地区 | | 姓名 | 销量 |
|---|---|---|---|---|---|---|---|---|
| 1 | 唐僧 | A001 | 男 | 101 | 北京 | | 唐僧 | |
| 2 | 悟空 | A002 | 男 | 201 | 青岛 | | | |
| 3 | 白骨精 | A003 | 女 | 108 | 西安 | | | |
| 4 | 沙僧 | A004 | 男 | 98 | 天津 | | | |
| 5 | 王母 | A005 | 女 | 173 | 北京 | | | |
| 6 | 玉帝 | A006 | 男 | 186 | 上海 | | | |

图 2-5-3　使用数据验证输入员工姓名

（2）使用 LOOKUP 函数的向量形式进行查找。选中 I3 单元格，输入如下公式："=LOOKUP(H3,B3:B8,E3:E8)"，效果如图 2-5-4 所示。

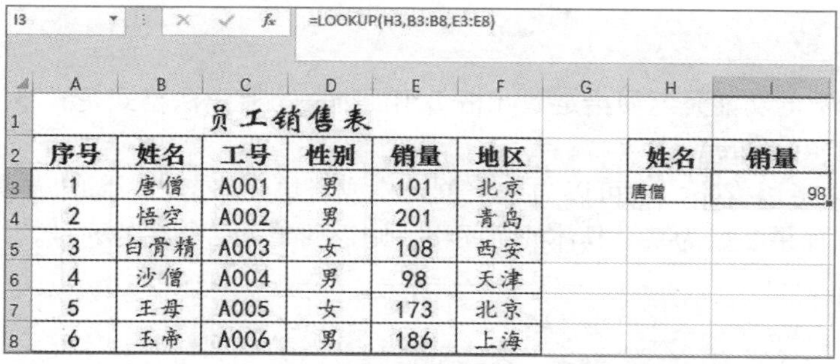

图 2-5-4　使用 LOOKUP 函数按姓名查找销量效果

## 2. VLOOKUP 函数

VLOOKUP 函数的功能是进行列查找，并返回当前行中指定的列的数值。其函数语法格式如下：

VLOOKUP（lookup_value,table_array,col_index_num,range_lookup）

lookup_value：需要在表格数组第一列中查找的数值。lookup_value 可以为数值或引用数值。若 lookup_value 小于 table_array 第一列中的最小值，则 VLOOKUP 函数返回错误值 "#N/A"。

table_array：指定的查找范围。使用对区域或区域名称的引用。table_array 第一列中的值是由 lookup_value 搜索到的值。这些值可以是文本、数字和逻辑值。

col_index_num：指 table_array 中返回的匹配值的列序号。col_index_num 为 2 时，返回 table_array 第二列中的数值，依此类推。如果 col_index_num 小于 1，则 VLOOKUP 函数返回错误值 "#VALUE"；如果大于 table_array 的列数，则 VLOOKUP 返回错误值 "#REF!"。

range_lookup：指逻辑值，指示 VLOOKUP 函数查找精确的匹配值还是近似的匹配值。如果参数值为 TRUE（或为 1 或省略），则只寻找精确的匹配值。也就是说，如果找不到精确的匹配值，则返回小于 lookup_value 的最大数值。table_array 的第一列必须以升序排序，否则 VLOOKUP 函数可能无法返回正确的值。

如果参数值为 FALSE（或为 0），则返回精确的匹配值或近似的匹配值。在此情况下，table_array 第一列的值不需要排序。如果 table_array 第一列中有两个或多个值与 lookup_value 匹配，则使用第一个找到的值。如果找不到精确的匹配值，则返回错误值 "#N/A"。

还是上面的例子，使用 VLOOKUP 函数实现查找员工销售量的功能。

同样，首先选中 I3 单元格，在 I3 单元格中输入公式："=VLOOKUP(H3,B3:F8,4,0)"，如图 2-5-5 所示。

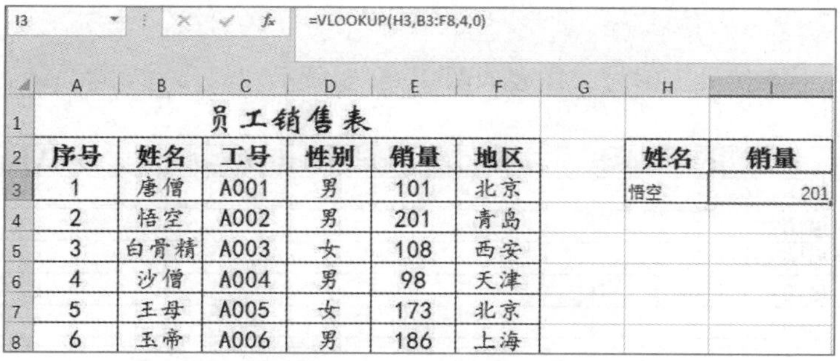

图 2-5-5　使用 VLOOKUP 函数查找员工销售量

在这里，H3 指的是要查找的数值，B3:F8 指的是要查找的数据范围，4 指的是返回值所在的列，0 表示的是精确匹配。

### 3. COLUMN 函数

COLUMN 函数的功能是返回给定单元格引用的列号。其语法格式是：

CULUMN([reference])

参数 reference 可以省略，也可以为一个单元格或者单元格区域。如果参数省略，则返回单元格所在的列值。如果参数为某个具体的单元格，则返回单元格所在的列号。如图 2-5-6 所示。

| | | | |
|---|---|---|---|
| 1 | | | |
| 2 | COLUMN函数 | | |
| 3 | | | 返回公式所在的列值 |
| 4 | 省略参数 | =COLUMN() | 2 |
| 5 | | | 返回列值 |
| 6 | 不省略参数 | =COLUMN(d4) | 4 |

图 2-5-6　COLUMN 函数的使用

 高手大闯关　　　　　　　　　　扫一扫！看精彩视频

Step 1：打开文件

（1）运行 Excel 2016 程序，单击【文件 | 打开】，打开资源文件" Excel 资源 /2-5 资源 / 员工信息表"，出现如图 2-5-7 所示界面。

| | A | B | C | D | E | F | G | H |
|---|---|---|---|---|---|---|---|---|
| 1 | 春秋大酒店人事信息表 | | | | | | | |
| 2 | 员工编号 | 姓名 | 性别 | 出生日期 | 政治面貌 | 学历 | 部门 | 职务 |
| 3 | JM101 | 李斯 | 男 | 1965/1/1 | 党员 | 中专 | 技术部 | 经理 |
| 4 | JM102 | 韩非子 | 女 | 1978/12/9 | 党员 | 大专 | 行政部 | 总管 |
| 5 | JM103 | 孙子 | 男 | 1958/8/8 | 党员 | 本科 | 客服部 | 经理 |
| 6 | JM104 | 老子 | 男 | 1955/10/10 | 党员 | 小学 | 客服部 | 总经理 |
| 7 | JM105 | 孟子 | 男 | 1968/9/9 | 群众 | 大专 | 行政部 | 经理 |
| 8 | JM106 | 庄子 | 女 | 1970/12/18 | 党员 | 中专 | 人事部 | 总管 |
| 9 | JM107 | 鬼谷子 | 女 | 1977/1/24 | 群众 | 本科 | 安保部 | 总管 |
| 10 | JM108 | 荀子 | 男 | 1976/4/25 | 党员 | 初中 | 行政部 | 副经理 |
| 11 | JM109 | 墨子 | 男 | 1966/9/15 | 党员 | 本科 | 行政部 | 副总经理 |
| 12 | JM110 | 巨子 | 女 | 1980/3/3 | 团员 | 本科 | 人事部 | 科员 |

图 2-5-7　员工信息表

Step 2：使用 VLOOKUP 函数

在员工信息表中查找员工编号，样表如图 2-5-8 所示。

| | 员工编号 | 姓名 | 性别 | 出生日期 | 政治面貌 | 学历 | 部门 | 职务 |
|---|---|---|---|---|---|---|---|---|
| 16 | | | | | | | | |
| 17 | JM101 | | | | | | | |
| 18 | JM103 | | | | | | | |
| 19 | JM105 | | | | | | | |
| 20 | JM107 | | | | | | | |
| 21 | JM109 | | | | | | | |

图 2-5-8　查找样表

（1）选中 B17 单元格，在单元格中输入公式："=VLOOKUP(A17,A3:H12,2,0)"，如图 2-5-9 所示。

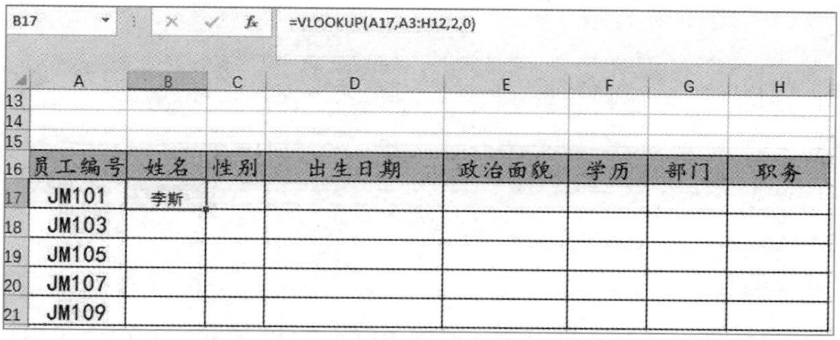

图 2-5-9　使用 VLOOKUP 函数查找员工编号所对应的员工姓名

（2）选中 B17 单元格，将鼠标光标放到右下角至出现十字箭头，向右填充，出现如图 2-5-10 所示的效果。

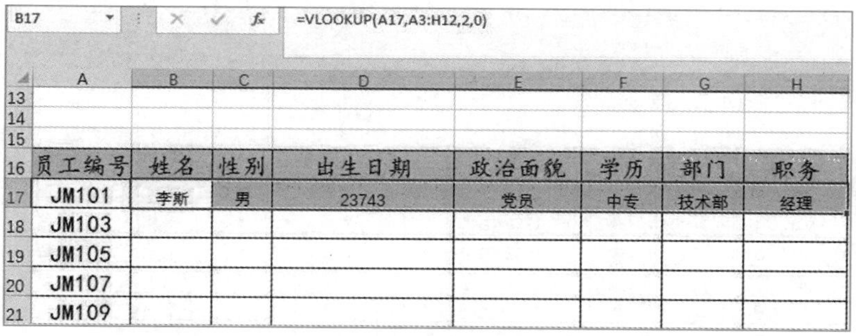

图 2-5-10　单元格 B17 填充效果

（3）选中 H17 单元格，将鼠标光标放到右下角至出现十字箭头，向下填充，出现如图 2-5-11 所示的效果。

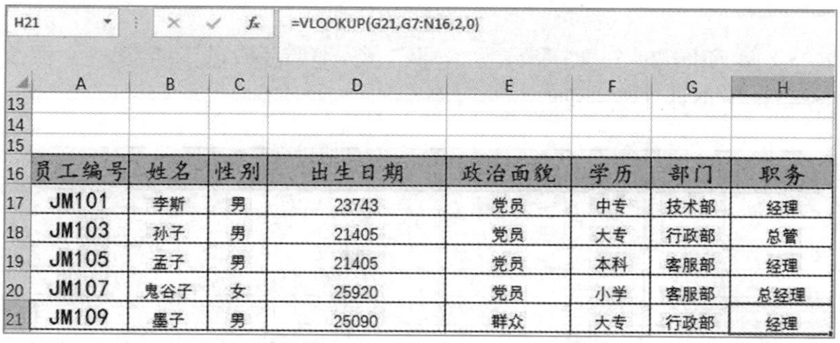

图 2-5-11　查找效果

（4）观察发现查找的数据表中，出生日期显示内容与查找内容不匹配，这时可以使用之前学习过的 TEXT 文本函数和 COLUMN 函数来重新设置公式。再次选中 B17 单元格，输入公式："=TEXT(VLOOKUP($A17,$A$3:$H$12,COLUMN(),0),"yyyy-mm-dd")"。注意：公式中的单元格地址，由之前的相对引用改成了绝对引用，否则公式会返回错误值。最终显示的查找效果如图 2-5-12 所示。

B17 =TEXT(VLOOKUP($A17,$A$3:$H$12,COLUMN(),0),"yyyy-mm-dd")

| | A | B | C | D | E | F | G | H |
|---|---|---|---|---|---|---|---|---|
| 13 | | | | | | | | |
| 14 | | | | | | | | |
| 15 | | | | | | | | |
| 16 | 员工编号 | 姓名 | 性别 | 出生日期 | 政治面貌 | 学历 | 部门 | 职务 |
| 17 | JM101 | 李斯 | 男 | 1965-01-01 | 党员 | 中专 | 技术部 | 经理 |
| 18 | JM103 | 孙子 | 男 | 1958-08-08 | 党员 | 本科 | 客服部 | 经理 |
| 19 | JM105 | 孟子 | 男 | 1968-09-09 | 群众 | 大专 | 行政部 | 经理 |
| 20 | JM107 | 鬼谷子 | 女 | 1977-01-24 | 群众 | 本科 | 安保部 | 总管 |
| 21 | JM109 | 墨子 | 男 | 1966-09-15 | 党员 | 本科 | 行政部 | 副总经理 |

图 2－5－12　最终显示的查找效果

（5）除了以上方法外，还有一种方法：使用 VLOOKUP 函数，分别查找相对应的数据，也可以实现以上效果。比如，在 B17 单元格输入公式："=VLOOKUP($A17,$A$3:$H$12,2,0)"，在 C17 输入公式："=VLOOKUP($A17,$A$3:$H$12,3,0)"；在 D17 单元格输入公式："=TEXT(VLOOKUP($A17,$A$2:$H$12,4,0),"yyyy-mm-dd")"；在 E17 单元格输入公式："=VLOOKUP($A17,$A$3:$H$12,5,0)"；依此类推，最终形成如图 2－5－13 所示的效果。

H21 =VLOOKUP($A21,$A$3:$H$12,8,0)

| | A | B | C | D | E | F | G | H |
|---|---|---|---|---|---|---|---|---|
| 16 | 员工编号 | 姓名 | 性别 | 出生日期 | 政治面貌 | 学历 | 部门 | 职务 |
| 17 | JM101 | 李斯 | 男 | 1965-01-01 | 党员 | 中专 | 技术部 | 经理 |
| 18 | JM103 | 孙子 | 男 | 1958-08-08 | 党员 | 本科 | 客服部 | 经理 |
| 19 | JM105 | 孟子 | 男 | 1968-09-09 | 群众 | 大专 | 行政部 | 经理 |
| 20 | JM107 | 鬼谷子 | 女 | 1977-01-24 | 群众 | 本科 | 安保部 | 总管 |
| 21 | JM109 | 墨子 | 男 | 1966-09-15 | 党员 | 本科 | 行政部 | 副总经理 |

图 2－5－13　使用 VLOOKUP 函数查找效果

## 高手勇拓展

完成如图 2－5－14 和图 2－5－15 所示的企业工资明细表和员工工资条，源文件见资源文件"Excel 资源 /2－5 资源 / 企业工资明细表 .xlsx"。

| | A | B | C | D | E | F | G | H |
|---|---|---|---|---|---|---|---|---|
| 1 | 恒阳集团工资表 | | | | | | | |
| 2 | 编号 | 工号 | 姓名 | 工龄 | 工龄工资 | 应发工资 | 个人所得税 | 实发工资 |
| 3 | 1 | 100001 | 赵XX | 18 | ¥1,800.00 | ¥12, 830. 0 | ¥1, 327. 5 | ¥11, 502. 5 |
| 4 | 2 | 100002 | 钱XX | 17 | ¥1,700.00 | ¥10, 412. 0 | ¥827. 4 | ¥9, 584. 6 |
| 5 | 3 | 100003 | 孙XX | 17 | ¥1,700.00 | ¥15, 963. 0 | ¥2, 110. 8 | ¥13, 852. 3 |
| 6 | 4 | 100004 | 李X | 17 | ¥1,700.00 | ¥10, 650. 0 | ¥875. 0 | ¥9, 775. 0 |
| 7 | 5 | 100005 | 周XX | 16 | ¥1,600.00 | ¥10, 372. 0 | ¥819. 4 | ¥9, 552. 6 |
| 8 | 6 | 100006 | 吴XX | 16 | ¥1,600.00 | ¥15, 494. 0 | ¥1, 993. 5 | ¥13, 500. 5 |
| 9 | 7 | 100007 | 郑XX | 15 | ¥1,500.00 | ¥7, 427. 0 | ¥287. 7 | ¥7, 139. 3 |
| 10 | 8 | 100008 | 王XX | 14 | ¥1,400.00 | ¥7, 162. 0 | ¥261. 2 | ¥6, 900. 8 |
| 11 | 9 | 100009 | 冯XX | 13 | ¥1,300.00 | ¥5, 224. 0 | ¥67. 4 | ¥5, 156. 6 |
| 12 | 10 | 100010 | 孙X | 12 | ¥1,200.00 | ¥4, 048. 0 | ¥16. 4 | ¥4, 031. 6 |

图 2－5－14　企业工资明细表

| 恒阳集团工资条 | | | | | | | |
|---|---|---|---|---|---|---|---|
| 序号 | 工号 | 姓名 | 工龄 | 工龄工资 | 应发工资 | 个人所得税 | 实发工资 |
| 1 | 100001 | 赵XX | 18 | 1800 | 12830 | 1327.5 | 11502.5 |
| | | | | | | | |
| 序号 | 工号 | 姓名 | 工龄 | 工龄工资 | 应发工资 | 个人所得税 | 实发工资 |
| 2 | 100002 | 钱XX | 17 | 1700 | 10412 | 827.4 | 9584.6 |
| | | | | | | | |
| 序号 | 工号 | 姓名 | 工龄 | 工龄工资 | 应发工资 | 个人所得税 | 实发工资 |
| 3 | 100003 | 孙XX | 17 | 1700 | 15963 | 2110.75 | 13852.25 |
| | | | | | | | |
| 序号 | 工号 | 姓名 | 工龄 | 工龄工资 | 应发工资 | 个人所得税 | 实发工资 |
| 4 | 100004 | 李X | 17 | 1700 | 10650 | 875 | 9775 |
| | | | | | | | |
| 序号 | 工号 | 姓名 | 工龄 | 工龄工资 | 应发工资 | 个人所得税 | 实发工资 |
| 5 | 100005 | 周XX | 16 | 1600 | 10372 | 819.4 | 9552.6 |
| | | | | | | | |
| 序号 | 工号 | 姓名 | 工龄 | 工龄工资 | 应发工资 | 个人所得税 | 实发工资 |
| 6 | 100006 | 吴XX | 16 | 1600 | 15494 | 1993.5 | 13500.5 |

图 2-5-15　员工工资条

小贴士

VLOOKUP 查找引用函数的功能非常强大，根据实际情况与其他函数，如 MATCH 函数、INDEX 函数等一起使用，效果会更好。图 2-5-16 所示为 VLOOKUP 等函数思维导图。

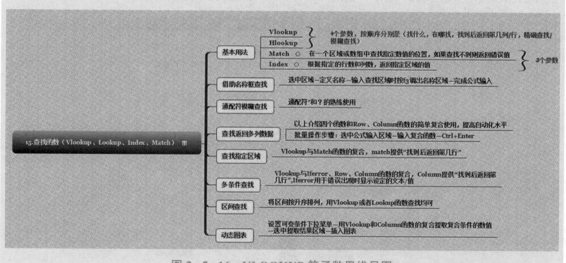

图 2-5-16　VLOOKUP 等函数思维导图

**Excel** 高手速成第六关——生成透视图表

学习目标：

从销售部下半年销售透视表案例入手，学习 Excel 工作表中数据透视表、数据透视图、切片器、日程表的使用方法，掌握编辑数据透视表、数据透视图、切片器、日程表的操作技能。

## 高手抢"鲜"看

数据透视表是一个强大的数据分析工具，利用它可以快速分类汇总大量的数据，并可以从不同的层次和角度对数据进行分析。使用数据透视表或透视图可以使许多复杂的问题简单化，从而极大地提高工作效率。下面我们一起来完成销售部下半年销售透视表的制作（效果如图 2-6-1 所示）。

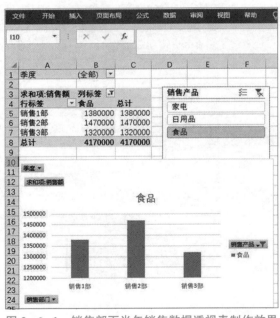

图 2-6-1 销售部下半年销售数据透视表制作效果

## 高手加油站

数据透视表是一种交互式表格，它所具有的透视和筛选功能使其具有极强的数据分析能力。

它可以通过转换行或者列以查看源数据的不同汇总结果，还可以显示不同的页面来筛选数据，并且可以根据需要查看区域中的明细数据。

## 1. 数据透视表的基本使用方法

（1）打开资源文件"Excel 资源 /2-6 资源 / 销售部下半年业绩透视表 .xlsx"，如图 2-6-2 所示。

（2）将光标定位到工作表中的数据区域，然后切换到【插入】选项卡，在【表格】组中单击【数据透视表】按钮，弹出创建数据透视表对话框，此时在【表 / 区域】输入框中会自动显示工作表所有的数据区域，用户也可以自行选择区域，这里保持系统默认值不变，然后在【选择放置数据透视表的位置】选项组中选中【新工作表】单选按钮，可以避免破坏现有的工作表，对话框如图 2-6-3 所示。

图 2-6-2　销售部下半年销售业绩透视表　　　　图 2-6-3　创建数据透视表对话框

（3）单击【确定】按钮，即可在 Excel 工作表中创建系统默认的数据透视表版式图，同时会打开【数据透视表字段】任务窗格，如图 2-6-4 所示。

图 2-6-4　数据透视表版式图

（4）将"销售部门"拖动到【筛选器】区域，将"季度"拖动到【列】区域，将"销售产品"拖动到【行】区域，将"销售额"拖动到【值】区域，即可完成数据透视表的创建，如图2-6-5所示。

图 2-6-5　创建后的数据透视表效果图

（5）如果要查看数据透视表中的某个数据的具体来源，例如要了解二季度日用品的销售额，只要双击其所在单元格，Excel 就会自动地插入一个工作表并显示数据的来源，如图2-6-6所示。

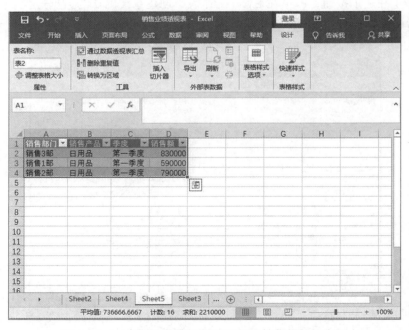

图 2-6-6　数据透视表二季度日用品销售额数据来源

## 2. 在数据透视表中插入切片器

使用切片器可以在 Excel 中更好地检索显示出的数据。切片器实际上就是将数据透视表中的每个字段单独创建为一个选取器，然后在不同的选取器中对字段进行筛选，完成与数据透视表字段中的筛选按钮相同的功能，但是切片器使用起来更加方便灵活。比如为"销售业绩数据透视表"创建切片器，操作方法如下：

（1）在数据透视表上移动光标，选中【分析】选项卡下【筛选】选项组中的【插入切片器】（见图 2-6-7），或者是选中【插入】选项卡【筛选器】选项组中的【切片器】按钮也可以实现插入切片器的效果。

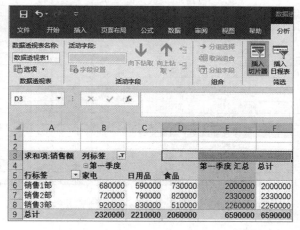

图 2-6-7　使用【分析】选项卡【筛选】选项组【插入切片器】

（2）弹出【插入切片器】对话框，勾选想要检索的数据项目名，在这里勾选"销售产品"，点击【确定】按钮，如图 2-6-8 所示。

图 2-6-8　【切片器】对话框

（3）选择想要显示的项目，数据透视表中的数据就被筛选出来了。另外，如果想删掉切片器，可在选中切片器的状态下按下 Backspace 键。

## 3. 在数据透视表中插入日程表

在检索的数据有日期时，可以在数据透表中使用【日程表】功能实现检索效果。具体操作方法如下：

（1）打开资源文件"Excel 资源 /2－6 资源 / 葡萄酒销售统计表 .xlsx"，如图 2－6－9 所示。

| | 月份 | 产品类别 | 产品名称 | 酒精度 | 单位 | 数量 | 单价 | 销售额 | 业务员 |
|---|---|---|---|---|---|---|---|---|---|
| 2 | 7月 | 干红 | 爱之花奥克地区桃红葡萄酒 | 12.0% | 瓶 | 180 | 138 | 24840 | 狄露 |
| 3 | 7月 | 干红 | 蒙鲁梅洛干红葡萄酒 | 13.0% | 瓶 | 140 | 156 | 21840 | 刘好 |
| 4 | 7月 | 干红 | 莉莎梅洛干红葡萄酒 | 13.0% | 瓶 | 120 | 168 | 20160 | 刘好 |
| 5 | 7月 | 干红 | 莉莎赤霞珠干红葡萄酒 | 13.0% | 瓶 | 100 | 168 | 16800 | 艾希 |
| 6 | 8月 | 干红 | 韦曼酒庄干红葡萄酒 | 13.5% | 瓶 | 160 | 198 | 31680 | 艾希 |
| 7 | 8月 | 半干红 | 曼德庄园赤霞珠半干红葡萄酒 | 13.0% | 瓶 | 100 | 126 | 12600 | 狄露 |
| 8 | 8月 | 半干红 | 梵蒂半干红葡萄酒 | 12.0% | 瓶 | 100 | 159 | 15900 | 风合 |
| 9 | 8月 | 半干红 | 蒙鲁梅洛干红葡萄酒 | 13.0% | 瓶 | 160 | 156 | 24960 | 狄露 |
| 10 | 9月 | 干白 | 传奇波尔多干白葡萄酒 | 12.0% | 瓶 | 120 | 228 | 27360 | 崔莉 |
| 11 | 9月 | 半干白 | 爱之花奥克地区半干白葡萄酒 | 11.5% | 瓶 | 100 | 138 | 13800 | 风合 |
| 12 | 9月 | 干红 | 康纳斯梅洛干红葡萄酒 | 13.5% | 瓶 | 120 | 129 | 15480 | 狄露 |
| 13 | 9月 | 干白 | 传奇波尔多干白葡萄酒 | 12.0% | 瓶 | 120 | 228 | 27360 | 崔莉 |
| 14 | 10月 | 干红 | 爱之花奥克地区干红葡萄酒 | 12.5% | 瓶 | 160 | 138 | 22080 | 崔莉 |
| 15 | 10月 | 干白 | 罗门莎当妮干白葡萄酒 | 14.0% | 瓶 | 130 | 178 | 23140 | 刘好 |
| 16 | 10月 | 干红 | 韦曼酒庄干红葡萄酒 | 13.5% | 瓶 | 120 | 198 | 23760 | 郭芙 |
| 17 | 10月 | 干红 | 莉莎赤霞珠干红葡萄酒 | 13.0% | 瓶 | 100 | 168 | 16800 | 狄露 |
| 18 | 11月 | 干白 | 罗门莎当妮干白葡萄酒 | 14.0% | 瓶 | 160 | 178 | 28480 | 刘好 |
| 19 | 11月 | 干红 | 康纳斯梅洛干红葡萄酒 | 13.5% | 瓶 | 120 | 129 | 15480 | 郭芙 |
| 20 | 11月 | 干白 | 传奇波尔多干白葡萄酒 | 12.0% | 瓶 | 120 | 228 | 27360 | 艾希 |
| 21 | 11月 | 半干白 | 爱之花奥克地区半干白葡萄酒 | 11.5% | 瓶 | 120 | 138 | 16560 | 风合 |
| 22 | 12月 | 干红 | 莉莎梅洛干红葡萄酒 | 12.0% | 瓶 | 200 | 168 | 33600 | 狄露 |
| 23 | 12月 | 半干红 | 梵蒂半干红葡萄酒 | 12.0% | 瓶 | 160 | 159 | 25440 | 狄露 |
| 24 | 12月 | 干红 | 花之恋干白葡萄酒 | 13.5% | 瓶 | 100 | 178 | 17800 | 风合 |
| 25 | 12月 | 干白 | 传奇波尔多干白葡萄酒 | 12.0% | 瓶 | 120 | 228 | 27360 | 刘好 |

图 2－6－9　打开"葡萄酒销售统计表"

（2）选中数据区域，创建数据透视表，如图 2－6－10 所示。

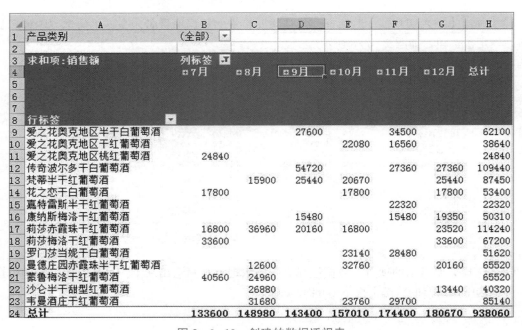

图 2－6－10　创建的数据透视表

（3）在数据透视表上移动光标，点击【分析】选项卡下【筛选】选项组中的【插入日程表】

选项（见图 2-6-11），或者选中【插入】选项卡下的【筛选器】选项组中的【日程表】按钮。

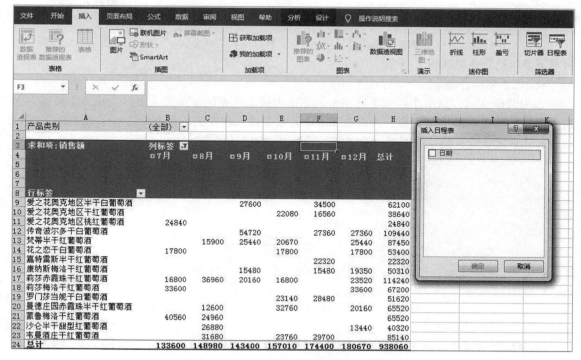

图 2-6-11　在数据透视表中插入日程表

（4）在弹出的【日程表】对话框中勾选作为对象的项目名称，点击【确定】按钮。

（5）显示出日程表。选择想要显示的时间，数据透视表中时间对应的数据就被筛选出来了，如图 2-6-12 所示。

（6）可以通过点击日程表中的【月】更改筛选单位，如图 2-6-13 所示。

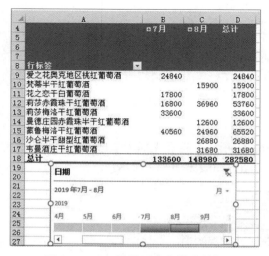

图 2-6-12　使用日程表筛选数据

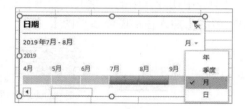

图 2-6-13　更改日程表中的筛选单位

Step 1：打开文件

运行"Excel 2016"程序，单击【文件 | 打开】，打开资源文件"Excel 资源 /2-6 资源 / 销售部下半年销售业绩透视表 .xlsx"。

Step 2：创建透视表

选中数据区域，点击【插入】选项卡，在【表格】选项组中单击【数据透视表】按钮，弹出【创建数据透视表】对话框，此时在【表 / 区域】输入框中会自动显示工作表所有的数据区域，默认系统设置，创建如图 2-6-14 所示的数据透视表。

| | A | B | C | D | E |
|---|---|---|---|---|---|
| 1 | 季度 | (全部) | | | |
| 2 | | | | | |
| 3 | 求和项:销售额 | 列标签 | | | |
| 4 | 行标签 | 家电 | 日用品 | 食品 | 总计 |
| 5 | 销售1部 | 1430000 | 1290000 | 1380000 | 4100000 |
| 6 | 销售2部 | 1400000 | 1530000 | 1470000 | 4400000 |
| 7 | 销售3部 | 1540000 | 1280000 | 1320000 | 4140000 |
| 8 | 总计 | 4370000 | 4100000 | 4170000 | 12640000 |

图 2-6-14　创建数据透视表

Step 3：插入切片器

选中数据透视表，单击【插入】选项卡【筛选器】选项组中的【切片器】按钮，弹出【插入器】对话框，在对话框中选择【销售产品】选项，弹出如图 2-6-15 所示的切片器效果。

| | A | B | C | D | E | F | G | H |
|---|---|---|---|---|---|---|---|---|
| 1 | 季度 | (全部) | | | | 销售产品 | | |
| 2 | | | | | | | | |
| 3 | 求和项:销售额 | 列标签 | | | | 家电 | | |
| 4 | 行标签 | 家电 | 日用品 | 食品 | 总计 | 日用品 | | |
| 5 | 销售1部 | 1430000 | 1290000 | 1380000 | 4100000 | 食品 | | |
| 6 | 销售2部 | 1400000 | 1530000 | 1470000 | 4400000 | | | |
| 7 | 销售3部 | 1540000 | 1280000 | 1320000 | 4140000 | | | |
| 8 | 总计 | 4370000 | 4100000 | 4170000 | 12640000 | | | |
| 9 | | | | | | | | |
| 10 | | | | | | | | |
| 11 | | | | | | | | |
| 12 | | | | | | | | |
| 13 | | | | | | | | |
| 14 | | | | | | | | |

图 2-6-15　插入切片器效果

Step 4：利用切片器筛选的数据创建动态图表

（1）选中切片器中的"家电"数据，如图 2-6-16 所示，选择【插入】选项卡下的【图表】选项组中的【插入柱形图或条形图】，插入一个柱形图，如图 2-6-17 所示。

| 行标签 | 家电 | 总计 |
|---|---|---|
| 销售1部 | 1430000 | 1430000 |
| 销售2部 | 1400000 | 1400000 |
| 销售3部 | 1540000 | 1540000 |

图 2-6-16　数据透视表中"家电数据"

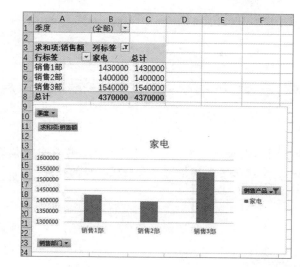

图 2-6-17 插入柱形图

（2）图表成功插入后，调整切片器中的选项，图表相关的数据也会随之变化，从而实现简易动态图表操作。

至此，销售部下半年业绩透视表和透视图制作完成。

**高手勇拓展**

完成如图 2-6-18 所示的葡萄酒销售统计表透视表，源文件见资源文件"Excel 资源 /2-6 资源 / 葡萄酒销售统计表 .xlsx"。

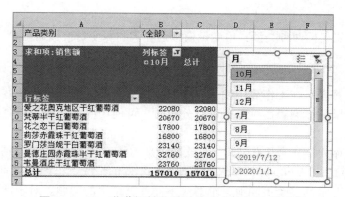

图 2-6-18 葡萄酒销售统计表透视表制作效果图

小贴士

在制作数据透视表时，除了可以使用切片器和日程表以外，还可以利用切片器或日程表筛选出的数据制作动态图表，从而使数据分析的效果更明显、更有效。

## Excel 高手速成第七关——数据模拟运算

学习目标：

从销售利润表案例入手，学习在 Excel 工作表中模拟运算表的使用方法，掌握在 Excel 中熟练运用模拟运算表处理数据的技能。

### 高手抢"鲜"看

Excel 模拟运算表工具是一种只需一步操作就能计算出所有变化的模拟工具，它可以显示一个或多个公式中替换不同值时的结果。通常用于预测、分析定额存款模拟试算和贷款月还款额模拟试算。下面我们一起来完成某公司销售利润表的制作（效果如图 2-7-1 所示）。

图 2-7-1　销售利润表制作效果

### 高手加油站

模拟运算表主要包括两种类型：单变量模拟运算表和双变量模拟运算表。

#### 1. 单变量模拟运算表

单变量模拟运算表是在工作表中输入一个变量的多个不同值，分析这些不同变量值对一个或多个公式计算结果的影响。在对数据进行分析时，可使用向列的模拟运算表，也可使用向行的模拟运算表。

例 1：某用户存款年利率是 0.68%，存款期限是 10 年，每月存款额分别是 1 000 元、1 500 元、2 000 元、2 500 元、3 000 元，试求在其他条件不变的情况下，存款利润变动额。

这是已知一个变量的多个不同值，求对应不同计算结果的问题。对于此问题，可以使用单变量模拟运算表来解决，操作方法如下：

（1）打开资源文件" Excel 资源 /2-7 资源 / 存款额试算表 .xlsx"，运用 FV 函数计算存款总额。FV 函数是基于固定利率及等额分期付款方式，返回某项投资的未来值。其语法格式是：

FV（rate,nper,pmt,pv,type）

参数 rate 为各期利率，可以为年利率，也可以为月利率，月利率 = 年利率 /12。

nper 为总投资（或贷款）期，即该项投资（或贷款）的付款期总数。

pmt 为各期所应支付的金额，其数值在整个年金期间保持不变。通常 pmt 为各期所应支付的金额，如果忽略，则必须包含 pv 参数。

pv 为现值，又称本金。如果省略 pv，则假设其值为 0，并且必须包括 pmt 参数。

type 为数字 0 或 1，用以指定各期的付款时间是在期初还是期末，如果省略，表示支付时间在期末。FV 函数表示未来值，为了避免出现负数，可以手工在公式前加上负号。先选中 B5 单元格，输入公式"=FV(B2/12,B3,A5)"，其结果如图 2-7-2 所示。

图 2-7-2　使用 FV 函数计算 B5 单元格存款金额

（2）选中 A5:B9 单元格，单击【数据】选项卡下【预测】选项组中的【模拟分析】按钮下的【模拟运算表】，如图 2-7-3 所示。

图 2-7-3　选中模拟运算表

（3）弹出【模拟运算表】对话框，在【输入引用列的单元格】文本框中点击 A5 单元格，如图 2-7-4 所示。

图 2-7-4　在模拟运算表中输入引用单元格 A5 的地址

（4）单击【确定】按钮，完成单变量模拟运算，结果如图 2-7-5 所示。

例 2：用模拟运算试算贷款月还款金额。已知某用户贷款金额 300 000 元，贷款期限 10 年，年利率分别是 5.00%、5.50%、6.00%、6.50%、7.00%，求其月还款金额。

（1）打开资源文件"Excel 资源 /2-7 资源 / 还款额试算表 .xlsx"，运用 PMT 函数，计算月还款总额。

PMT 函数的功能是基于固定利率及等额分期付款方式，返回贷款的每期付款额，其语法格式如下：

PMT（rate,nper,pv,fv,type）

参数 rate 为贷款利率。

nper 为该项贷款的付款总期数。

pv 为现值。

图 2-7-5　模拟运算结果

fv 为终值，如果省略 fv，则假设其值为 0，也就是一笔贷款的未来值为 0。

type 的数值为 0 或 1，用以指定各期的付款时间是在期初还是在期末。如果 type 值为 0 或省略，表示支付时间在期末；如果 type 值为 1，表示支付时间在期初。

先选中 B5 单元格，输入公式"=PMT(A5/12,B3,B2)"，其结果如图 2-7-6 所示。

图 2-7-6　使用 PMT 函数计算月还款额

（2）选中 A5:B9 单元格，单击【数据】选项卡下【预测】选项组中的【模拟分析】按钮下的【模拟运算表】，如图 2-7-7 所示。

图 2-7-7　选中模拟运算表

（3）弹出【模拟运算表】对话框，在【输入引用列的单元格】文本框中点击 A5 单元格，如图 2-7-8 所示。

（4）单击【确定】按钮，数据单变量模拟运算完成，结果如图 2-7-9 所示。

图 2-7-8　在模拟运算表中输入引用单元格 A5 地址

图 2-7-9　模拟运算结果

## 2. 双变量模拟运算表

双变量模拟运算表是指当以不同的值替换公式中的两个变量时，这一过程中生成的用于显示其结果的数据表格。

在应用时，这两个变量的变化值分别放在一行与一列中，而两个变量所在的行与列交叉的那个单元格显示的是将这两个变量代入公式后得到的计算结果。双变量模拟运算表中的两组输入数值使用同一个公式。

这里以"九九乘法表"为例，演示双变量模拟运算表的使用。

（1）打开资源文件"Excel 资源 /2-7/ 资源九九乘法表 .xlsx"，如图 2-7-10 所示。

（2）选中"A5"单元格，在 A5 单元格中输入公式："= A1*A2"，如图 2-7-11 所示。

图 2-7-10　九九乘法表

图 2-7-11　计算 A5 单元格数值

（3）选中 A5:J14 单元格，单击【数据】选项卡下【预测】选项组中的【模拟分析】按钮下的【模拟运算表】，弹出【模拟运算表】对话框，如图 2-7-12 所示。

图 2-7-12 【模拟运算表】对话框

（4）在【输入引用行的单元格】文本框中点击 A1 单元格；在【输入引用列的单元格】文本框中点击 A2 单元格，如图 2-7-13 所示。

图 2-7-13 输入引用单元格地址

（5）单击【确定】按钮，数据双变量模拟运算完成，结果如图 2-7-14 所示。

| | A | B | C | D | E | F | G | H | I | J |
|---|---|---|---|---|---|---|---|---|---|---|
| 1 | 1 | | | | | | | | | |
| 2 | 1 | | | | | | | | | |
| 3 | | | 九九乘法表 | | | | | | | |
| 4 | | | | | | | | | | |
| 5 | 1 | 1 | 2 | 3 | 4 | 5 | 6 | 7 | 8 | 9 |
| 6 | 1 | 1 | 2 | 3 | 4 | 5 | 6 | 7 | 8 | 9 |
| 7 | 2 | 2 | 4 | 6 | 8 | 10 | 12 | 14 | 16 | 18 |
| 8 | 3 | 3 | 6 | 9 | 12 | 15 | 18 | 21 | 24 | 27 |
| 9 | 4 | 4 | 8 | 12 | 16 | 20 | 24 | 28 | 32 | 36 |
| 10 | 5 | 5 | 10 | 15 | 20 | 25 | 30 | 35 | 40 | 45 |
| 11 | 6 | 6 | 12 | 18 | 24 | 30 | 36 | 42 | 48 | 54 |
| 12 | 7 | 7 | 14 | 21 | 28 | 35 | 42 | 49 | 56 | 63 |
| 13 | 8 | 8 | 16 | 24 | 32 | 40 | 48 | 56 | 64 | 72 |
| 14 | 9 | 9 | 18 | 27 | 36 | 45 | 54 | 63 | 72 | 81 |

图 2-7-14 模拟运算结果

高手大闯关　　　　扫一扫！看精彩视频

Step 1：单变量模拟运算

（1）运行"Excel 2016"程序，单击【文件|打开】，打开资源文件"Excel 资源 /2-7 资源 / 销售利润表 .xlsx"，出现如图 2-7-15 所示的界面。

（2）在单元格 F3 中输入公式："=E3*C5-C4*C5-C3"，其结果如图 2-7-16 所示。

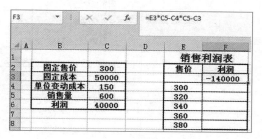

图 2-7-15　打开销售利润表　　　　图 2-7-16　在 F3 单元格输入公式

（3）选中 E3:F8，单击【数据】选项卡下【预测】选项组中的【模拟分析】按钮下的【模拟运算表】，弹出模拟运算表对话框，如图 2-7-17 所示。

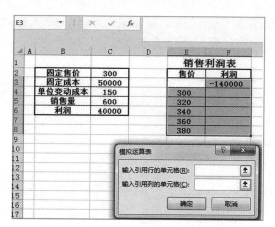

图 2-7-17　模拟运算表对话框

（4）单击【输入引用列的单元格】，输入 E3 单元格地址，如图 2-7-18 所示。

图 2-7-18　在【模拟运算表】对话框输入 E3 单元格地址

（5）单击【确定】按钮，数据单变量模拟运算完成。

高手再拓展

完成如图 2-7-19 所示的利润预测表，源文件见资源文件"Excel 资源 /2-7 资源 / 利润预测表 .xlsx"。

| | | | | | | | |
|---|---|---|---|---|---|---|---|
| C10 | | ▼ | ✕ ✓ fx | =C9*B10-C4*B10-C3 | | | |

| | B | C | D | E | F | G | H |
|---|---|---|---|---|---|---|---|
| 1 | | | | | | | |
| 2 | 固定售价 | 350 | | | | | |
| 3 | 固定成本 | 50000 | | | | | |
| 4 | 单位变动成本 | 150 | | | | | |
| 5 | 销售量 | 800 | | | | | |
| 6 | 利润 | 110000 | | | | | |
| 7 | | | | | | | |
| 8 | 大发公司利润预测表 | | | | | | |
| 9 | | | 销售额 | | | | |
| 10 | | -50000 | 700 | 750 | 800 | 850 | 900 |
| 11 | | 340 | 83000 | 92500 | 102000 | 111500 | 121000 |
| 12 | | 350 | 90000 | 100000 | 110000 | 120000 | 130000 |
| 13 | 单价 | 360 | 97000 | 107500 | 118000 | 128500 | 139000 |
| 14 | | 370 | 104000 | 115000 | 126000 | 137000 | 148000 |
| 15 | | 380 | 111000 | 122500 | 134000 | 145500 | 157000 |

图 2-7-19 利润预测表制作效果

> **小贴士**
> 使用模拟运算表进行模拟运算时，如果不想显示标题行左端交叉数值，可以将文字颜色设为白色，这样就看不见文字了。单元格中的值不能删除，删除后，模拟运算表的计算结果就会发生改变。

# Excel 高手速成第八关——创建编辑方案

**学习目标:**

从制作购房计划表案例入手,学习在 Excel 工作表中创建方案、显示方案、编辑删除方案和生成方案总结报告的方法,掌握在 Excel 工作表中使用方案分析数据的操作技能。

## 高手抢"鲜"看

Excel 具有强大的数据分析功能,可以将产生不同结果的数据集合保存为一个方案,并对方案进行分析。下面我们一起来完成购房计划表方案摘要的制作(效果如图 2-8-1 所示)。

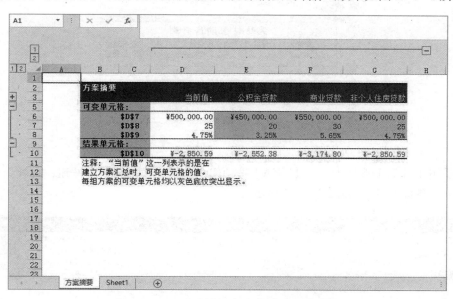

图 2-8-1　购房计划表方案摘要制作效果

## 高手加油站

方案是一组由 Excel 保存在工作表中并可进行自动替换的值。通过使用方案,可以预测工作表模型的输出结果,还可以在工作表中创建并保存不同的数值组,然后切换到任何新方案以查看不同的结果。

## 1. 创建方案

要想进行方案分析，首先需要创建方案。假设现在有三种贷款方式，分别规定了不同的贷款金额、不同的年利率及贷款年限，可以利用方案管理器来预测不同贷款方式下的还款金额。

（1）打开资源文件"Excel 资源 /2-8 资源 / 天鸿佳园购房计划表 .xlsx"，如图 2-8-2 所示。

图 2-8-2 打开"天鸿佳园购房计划表"

（2）选中 D10 单元格，输入公式"=PMT(D9/12,D8*12,D7)"，求每期还款金额，如图 2-8-3 所示。

图 2-8-3 在 D10 单元格输入公式计算每期还款金额

（3）单击【数据】选项卡，在【预测】选项组中选择【模拟分析】按钮，在弹出的下拉菜单中选择【方案管理器】，如图 2-8-4 所示。

图 2-8-4 选择【方案管理器】

（4）弹出【方案管理器】对话框，单击【添加】按钮，如图 2-8-5 所示。

（5）弹出【添加方案】对话框，在【方案名】文本框中输入"公积金贷款"，然后单击【可变单元格】文本框右侧的【折叠】按钮，在弹出的【添加方案 - 可变单元格】对话框中选择要引用的单元格区域 D7:D9，如图 2-8-6 所示。

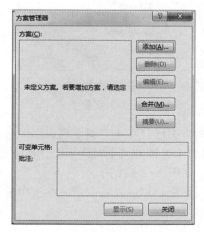

图 2-8-5 【方案管理器】对话框

图 2-8-6 输入方案名和添加可变单元格

（6）选择完毕后，在【编辑方案】对话框中，单击【确定】按钮，弹出【方案变量值】对话框，然后在各变量文本框中输入相应的值即设置完毕，如图 2-8-7 所示。

（7）单击【确定】按钮后，弹出【方案管理器】对话框，此时可看到所添加的方案已经在【方案】列表框中显示出来了，如图 2-8-8 所示。

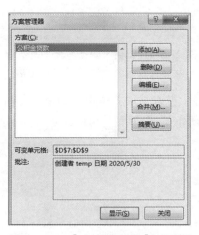

图 2-8-7 在【方案变量值】对话框输入对应的值

图 2-8-8 【方案管理器】对话框

（8）单击【添加】按钮继续添加其他方案，在弹出的【编辑方案】对话框中，在【方案名】文本框中输入"商业贷款"，其他设置保持默认，然后单击【确定】按钮，如图 2-8-9 所示。

（9）弹出【方案变量值】对话框，然后在变量文本框中输入相应的值即可，设置完毕，单击【确定】按钮，如图 2-8-10 所示。

图 2-8-9　在【编辑方案】对话框
中输入方案名、选定可变单元格

图 2-8-10　在【方案变量值】对话框
中输入变量值

（10）弹出【方案管理器】对话框，可看到所添加的方案已经在【方案】列表框中显示出来了，然后单击【添加】按钮继续添加其他方案，在弹出的【编辑方案】对话框中，在【方案名】文本框中输入"非个人住房贷款"，其他设置保持默认，如图 2-8-11 所示。

（11）单击【确定】按钮后，弹出【方案变量值】对话框，然后在各变量文本框中输入相应的值即可，如图 2-8-12 所示。

图 2-8-11　在【编辑方案】对话框
中输入方案名、选定可变单元格

图 2-8-12　在【方案变量值】对话框
中输入各变量值

（12）设置完毕，单击【确定】按钮，弹出【方案管理器】对话框，方案已经添加完毕，单击【关闭】按钮即可，如图 2-8-13 所示。

图 2-8-13　完成方案添加

## 2. 显示方案

方案创建完成后，在任何时候都可以执行方案，查看不同的执行结果。操作方法如下：

（1）打开上例的资源文件，在【数据】选项卡下【预测】选项组中单击【模拟分析】按钮，在弹出的下拉列表中选择【方案管理器】选项。

（2）弹出【方案管理器】对话框，在【方案】列表框中选择【商业贷款】选项，然后单击【显示】按钮，如图 2-8-14 所示。

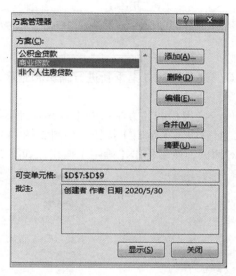

图 2-8-14　在【方案管理器】对话框【方案】列表中选择【商业贷款】选项

（3）单击【关闭】按钮后，返回工作表，此时单元格区域 D7:D9 会显示"商业贷款"的基本数据，并自动计算出该方案的"月还款额"，如图 2-8-15 所示。

| D10 | ▼ | : | × | ✓ | fx | =PMT(D9/12,D8*12,D7) |
|---|---|---|---|---|---|---|

| | A | B | C | D |
|---|---|---|---|---|
| 1 | | 天鸿佳园购房计划 | | |
| 2 | | 个人住房公积金贷款 | 个人住房商业贷款 | 非个人住房贷款 |
| 3 | | ¥450,000.00 | ¥550,000.00 | ¥500,000.00 |
| 4 | | 20 | 30 | 25 |
| 5 | | 3.25% | 5.65% | 4.75% |
| 6 | | | | |
| 7 | | 方案 | 贷款金额 | ¥550,000.00 |
| 8 | | | 贷款年限 | 30 |
| 9 | | | 年利率 | 5.65% |
| 10 | | | 月还款额 | ¥-3,174.80 |

图 2-8-15　计算"商业贷款"方案中"月还款额"

（4）使用同样的方法，进入【方案管理器】对话框，在【方案】列表框中选择【非个人住房贷款】选项，然后单击【显示】按钮后，再单击【关闭】按钮，返回工作表中，此时单元格区域 D7:D9 会显示"非个人住房贷款"的基本数据，并自动计算出该方案的"月还款额"，如图 2-8-16 所示。

图 2-8-16　计算"非个人住房贷款"方案中"月还款额"

### 3. 编辑和删除方案

如果对创建的方案不满意，还可以对方案重新进行编辑和删除，以达到更好的效果，具体操作方法如下：

（1）打开上例的资源文件，使用相同的方法打开【方案管理器】对话框，在【方案】列表中选择【公积金贷款】选项，然后单击【编辑】按钮，如图 2-8-17 所示。

（2）弹出【编辑方案】对话框，然后单击【确定】按钮，如图 2-8-18 所示。

图 2-8-17　【方案管理器】对话框

图 2-8-18　【编辑方案】对话框

（3）弹出【方案变量值】对话框，可以根据需要在各变量文本框中更改相应的值，更改完毕单击【确定】按钮即可，如图 2-8-19 所示。

（4）返回【方案管理器】对话框，在【方案】列表中选择【公积金贷款】选项，然后单击【删除】按钮，即可删除该方案，如图 2-8-20 所示。

图 2-8-19　更改变量值

图 2-8-20　在【方案管理器】对话框中删除方案

## 4. 生成方案总结报告

在查看方案时，若一个一个地切换，就会非常不方便。我们可以创建方案摘要、生成方案总结报告，以显示各个方案的详细数据和结果。

（1）打开上例的资源文件，使用相同的方法打开【方案管理器】对话框，单击【摘要】按钮，如图 2-8-21 所示。

（2）弹出【方案摘要】对话框，在【报表类型】选项组中选中【方案摘要】单选钮，在【结果单元格】输入框中输入"D10"，然后单击【确定】按钮，如图 2-8-22 所示。

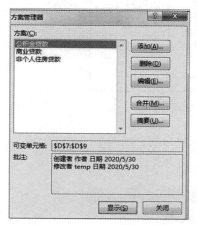

图 2-8-21 【方案管理器】中【摘要】按钮

图 2-8-22 【方案摘要】对话框

（3）此时工作簿中生成一个名为"方案摘要"的工作表，生成的方案总结报告的最终结果。

 高手大闯关

扫一扫！看精彩视频

**Step 1：新建方案**

（1）运行"Excel 2016"程序，单击【文件|打开】，打开资源文件"Excel 资源 /2-8 资源 /恒基伟业单位运行成本 .xlsx"，如图 2-8-23 所示。

| | A | B | C | D |
|---|---|---|---|---|
| 1 | 恒基伟业单位成本 | | | |
| 2 | 人力成本 | 300 | | |
| 3 | 运输成本 | 200 | | |
| 4 | | 货物甲 | 货物乙 | 货物丙 |
| 5 | 成本 | 2000 | 2500 | 3000 |
| 6 | 产量 | 160 | 140 | 150 |
| 7 | 销量价格 | 4000 | 4500 | 6000 |
| 8 | | | | |
| 9 | 商品利润 | | | |
| 10 | 总利润 | | | |

图 2-8-23 打开文件

（2）选中 B9 单元格，并输入公式"=（B7-B5-\$B\$2-\$B\$3）*B6"，计算结果如图 2-8-24 所示。

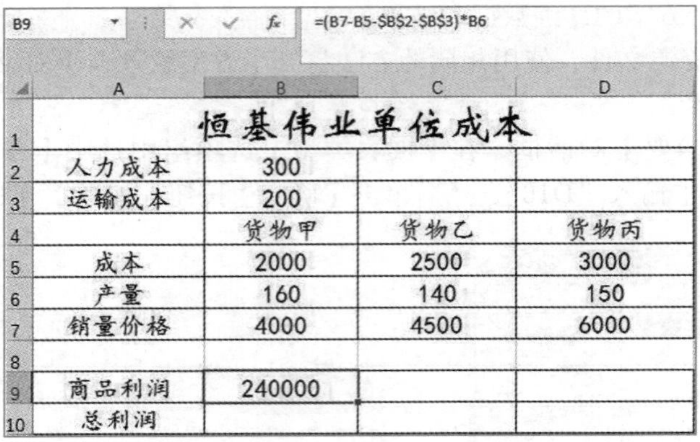

图 2-8-24　利用公式计算"商品利润"

（3）选中 B9 单元格，快速填充，求出 C9、D9 单元格数值，如图 2-8-25 所示。

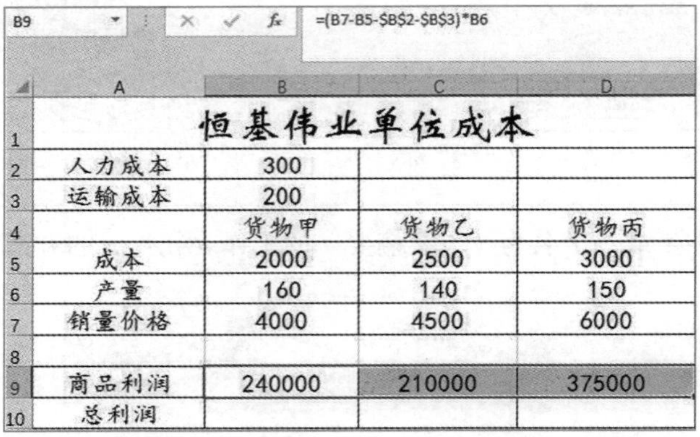

图 2-8-25　计算 C9、D9 单元格数值

（4）选中 B10 单元格，输入公式"=B9+C9+D9"，求出总利润，如图 2-8-26 所示。

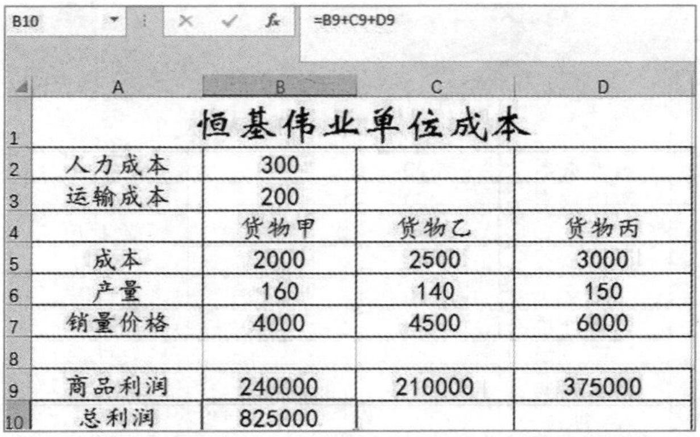

图 2-8-26　计算总利润

（5）切换到【数据】选项【预测】选择组中，单击【模拟运算】按钮，在弹出的下拉列表中选择【方案管理器】，打开【方案管理器】对话框，如图 2-8-27 所示。

（6）单击【添加】按钮，在弹出的【添加方案】对话框中，在【方案名】文本框中输入"利润 1"，在【可变单元格】中选择"$B$2:$B$3"，如图 2-8-28 所示。

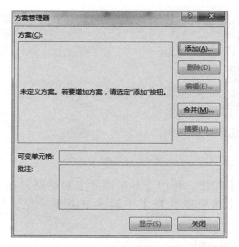

图 2-8-27　打开【方案管理器】对话框

图 2-8-28　输入方案名和可变单元格地址

（7）单击【确定】按钮，弹出【方案变量值】对话框，分别输入对应的变量值，如图 2-8-29 所示。

图 2-8-29　输入【方案变量值】一

（8）单击【确定】按钮后，返回【方案管理器】，再分别添加方案名为"利润 2""利润 3"的方案，分别在【方案变量值】中输入"380""320"，"350""300"，如图 2-8-30 和图 2-8-31 所示。

图 2-8-30　输入【方案变量值】二

图 2-8-31　输入【方案变量值】三

（9）单击【确定】按钮后，生成如图 2-8-32 所示的【方案管理器】。

图 2-8-32　生成方案管理器

Step 2：生成方案总结报告

（1）在【方案管理器】对话框中，单击【摘要】按钮，弹出【方案摘要】对话框，在【报表类型】选项组中选中【方案摘要】单选钮，在【结果单元格】中输入 B10 单元格，如图 2-8-33 所示。

图 2-8-33　设置【方案摘要】对话框

（2）单击【确定】按钮后，在工作簿中生成了一个名为"方案摘要"的工作表，生成的方案总结报告效果如图 2-8-34 所示。

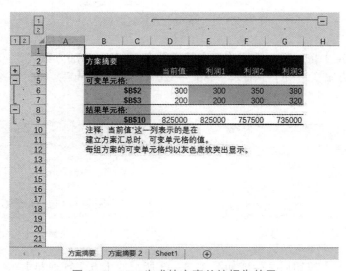

图 2-8-34　生成的方案总结报告效果

完成如图 2-8-35 所示的"恒基购房计划表方案总结报告"，源文件见资源文件" Excel 资源 /2-8 资源 / 恒基购房计划表 .xlsx"。

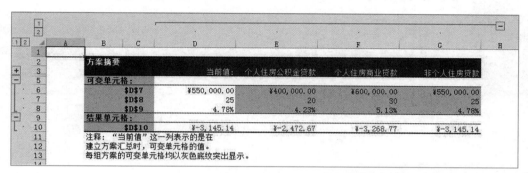

图 2-8-35　恒基购房计划表制作效果

小贴士

在【方案管理器】中，如果需要删除这个数据，只需要返回到【方案管理器】中选择【删除】按钮即可。

## Excel 高手速成第九关——选择合适图表

**学习目标：**

从制作失业率预测表案例入手，学习在 Excel 工作表中创建、编辑图表的方法，掌握在 Excel 中熟练使用图表分析数据的技能。

### 高手抢"鲜"看

在 Excel 中使用图表，可以制作各种分析表、预测表等，不仅能使数据的统计结果更直观、更形象，还能够清晰地反映数据的变化规律和发展趋势。下面我们一起来完成失业率预测表的制作（效果如图 2-9-1 所示）。

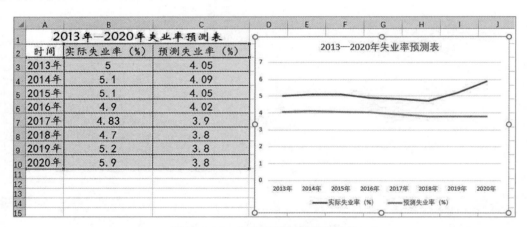

图 2-9-1　失业率预测表制作效果

### 高手加油站

Excel 2016 提供了包含组合图表在内的 14 种图表类型，我们可以根据需求选择合适的图表类型，然后创建嵌入图表或工作表来表达数据信息。

### 1. 创建图表

在 Excel 2016 中，系统为用户推荐了多种图表类型，并显示图表的预览，用户只需要选择一种类型的图表，就可以完成图表的创建。创建图表可以通过以下三种方法轻松实现：

（1）使用系统推荐的图表。

单击【插入】选项卡下【图表】组中的【推荐的图表】按钮，如图 2-9-2 所示。

图 2-9-2　使用【插入】选项卡插入图表

弹出【更改图表类型】对话框，选择【推荐的图表】选项卡，在左侧的列表中就可以看到系统推荐的图表类型。选择需要的图表类型，单击【确定】按钮，如图 2-9-3 所示。

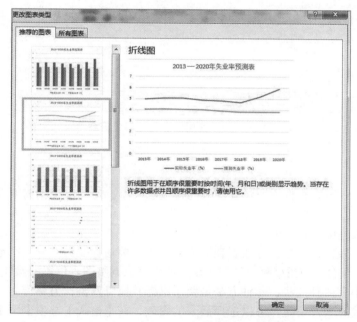

图 2-9-3　在【插入图表】对话框中选择【推荐的图表】类型

（2）使用功能区创建图表。

选择数据区域内的单元格，单击【插入】选项卡，在【图表】组中即可看到多个创建图表按钮，如图 2-9-4 所示。

图 2-9-4　使用功能区创建图表

（3）使用图表向导创建图表。

使用图表向导也可以创建图表。单击【插入】选项卡下【图表】选项组中的【查看其他图表】按钮，弹出【插入图表】对话框，选择【所有图表】选项卡，这里选择【折线图】选项，在右侧选择【折线图】类型，单击【确定】按钮，如图2-9-5所示。

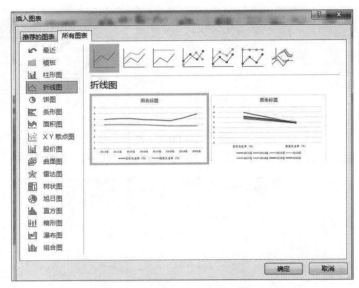

图 2-9-5　使用图表向导创建图表

## 2. 编辑图表

当图表创建后，可以根据需要设置图表的位置和大小，还可以根据需要调整图表的样式及类型。

（1）调整图表的位置和大小。

选择创建的图表，将鼠标光标放置在图表上，当鼠标指标变为"十"字形状时，按住鼠标左键并拖曳鼠标，至合适位置处释放鼠标左键，即可完成调整图表位置的操作。

调整图表大小有两种方法：一种方法是使用鼠标并拖曳调整；另一种方法是精确调整图表的大小。精确调整图表大小时，可以选择插入的图表，在【格式】选项卡下【大小】选项组单击【形状高度】和【形状宽度】微调框后的微调按钮，或者直接输入图表的高度和宽度值，按回车键确认即可，如图2-9-6所示。

图 2-9-6　精确调整图表大小

（2）调整图表布局。

创建图表后，可以根据需要调整图表的布局。具体操作是：选择需要调整的图表，单击【设计】选项卡下【图表布局】组中的【快速布局】按钮的下拉按钮，在弹出的下拉列表中可以看到【布局5】选项，如图2-9-7所示。

图 2-9-7 【设计】选项卡【图表布局】组中的【快速布局】下拉列表

点击【布局 5】即可看到调整后的布局效果，如图 2-9-8 所示。

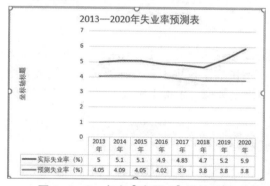

图 2-9-8 点击【布局 5】后的效果

（3）修改图表样式。

修改图表样式主要包括调整图表颜色和调整图表样式两个方面。选择图表，单击【设计】选择卡下【图表样式】组中的【更改颜色】按钮的下拉按钮，在弹出的下拉列表中选择【颜色】选项，完成对图表颜色的修改，如图 2-9-9 所示。

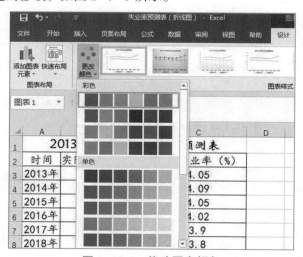

图 2-9-9 修改图表颜色

同样，单击【设计】选项卡下【图表样式】组中的【其他】按钮，在弹出的下拉列表中，选择【样式2】图表样式选项，完成对图表样式的修改，如图2-9-10所示。

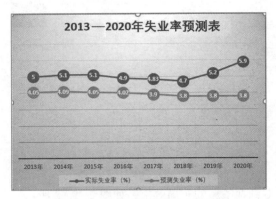

图2-9-10 修改图表样式效果图

（4）更改图表类型。

选择图表，单击【设计】选项卡下【类型】组中的【更改图表类型】按钮，弹出【更改图表类型】对话框，选择【所有图表】选项卡，选择要更改的图表类型，这里选择【柱形图】选项，在右侧选择【簇状柱形图】类型，单击【确定】按钮，如图2-9-11所示。

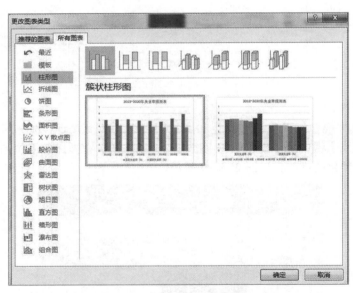

图2-9-11 更改图表类型为簇状柱形图

 高手大闯关　　　　　　　　　　　　扫一扫！看精彩视频

Step 1：欲表现数据趋势时通常选用折线图

提到图表，很多人首先想到的是柱形图，但实际上在工作、生活中使用频率最高的是折线图。折线图可以清晰展示数据趋势。在制作数据图表时，如果不确定选用哪种图表，可以先试试折线图。

（1）运行"Excel 2016"程序，单击【文件|打开】，打开资源文件"Excel 资源/2-9 资源/失业率预测表 .xlsx"，出现如图 2-9-12 所示的界面。

（2）选择数据，单击【插入】选项卡下【图表】选项组中的【推荐的图表】按钮，弹出【更改图表类型】对话框，选择【推荐的图表】选项卡，在左侧的列表中就可以看到系统推荐的图表类型。选择需要的图表类型，单击【确定】按钮，如图 2-9-13 所示。

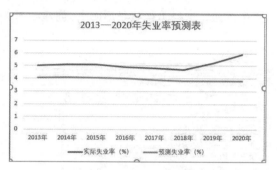

图 2-9-12　失业率预测表界面　　　　　　图 2-9-13　创建折线图效果

折线图是"观察在几年、几个月、几天这样的连续时间内数据如何变化的图表"。因此，只有某一个时间点的数据是无法生成有意义的折线图的，至少需要两个时期的数据才可以。

Step 2：欲表示现状数据时选用柱形图

折线图一般是按时间顺序展示数据的变化，强调"比之前高还是低"，这是折线图的优点之一，但有时候制图人不是要和之前的数据进行比较，而是想展示数据的现状。此时，一般使用柱形图来达到目的。

（1）单击【文件|打开】，打开资源文件"Excel 资源/2-9 资源/2009-2018 工资走势表 .xlsx"，出现如图 2-9-14 所示的界面。

（2）选择数据区域内的单元格，单击【插入】选项卡，在【图表】组中【插入柱形图或条形图】按钮，选择【簇状柱形图】，创建如图 2-9-15 所示的图表。

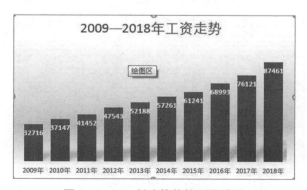

图 2-9-14　工资走势表界面　　　　　　图 2-9-15　创建簇状柱形图效果

Step 3：表现与排名相关的数据选用条形图

条形图容易给人留下"是横向放置的柱形图"的印象，但它其实是适用于很多场合的非常好的一种图表。条形图的最大特点是：可以显示较长项目名称的全称。同时，即使项目很多，也不会影响视觉效果。所以，项目名称较长的数据、项目较多的数据，适合用条形图展示。

在不好判断什么样的数据适用条形图时，可以先试一试柱形图，柱形图的视觉效果不好时，再试一试条形图。表现与排名等相关的数据，用条形图更适宜。

（1）单击【文件|打开】，打开资源文件"Excel资源/2-9资源/5G手机排名表.xlsx"，出现如图2-9-16所示的界面。

（2）选择数据区域内的单元格，单击【插入】选项卡，在【图表】组中【插入柱形图或条形图】按钮，选择【簇状条形图】，创建如图2-9-17所示的图表。

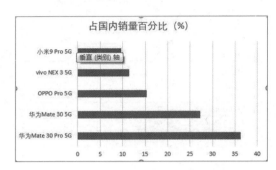

图2-9-16　5G手机排名表效果　　　　图2-9-17　创建簇状条形图效果

Step 4：表现所占份额比例时宜用饼图

饼图是用来表示各要素分别占比多少的图表。能表示比例的图表还有堆积柱形图和面积图，不过，饼图是其中使用频率最高的图表。

虽然饼图在展示各要素所占比例方面非常好用，但对有些数据却无能为力，在把数据转换为图表时，需要多加注意。

饼图适合表示3～8个数据。如果有10个以上数据，饼图内哪个部分表示的是哪个数据，就会不好理解。同时，各个数据之间差别不大时也不宜用饼图。

（1）单击【文件|打开】，打开资源文件"Excel资源/2-9资源/笑哈哈饮料所占市场份额表.xlsx"，出现如图2-9-18所示的界面。

（2）选择数据区域内的单元格，单击【插入】选项卡，在【图表】组中【插入饼图或圆环图】按钮，选择【二维饼图】，创建如图2-9-19所示的饼图。

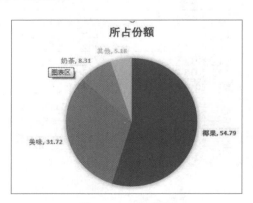

图2-9-18　笑哈哈饮料所占市场份额表　　　　图2-9-19　饼图

Step 5：表现市场变化情况时宜用面积图

面积图是指在折线图内部填充颜色的图表。面积图有三种：面积图、堆积面积图和百分比堆积面积图。

在面积图中，线条交叉部分的情况不好分辨，所以一般使用将值累加在一起的堆积面积图和百分比堆积面积图。

面积图主要用于"将较长一段时期内的所占比例的变化情况图形化，展示市场动向"。

（1）单击【文件 | 打开】，打开资源文件"Excel 资源 /2-9 资源 / 小巴蜀食品销售表 .xlsx"，出现如图 2-9-20 所示的界面。

| 销售人员 | 煎粉 | 米线 | 炒面 | 麻辣烫 |
|---|---|---|---|---|
| 1月 | 3625 | 2563 | 3825 | 3689 |
| 2月 | 4958 | 7290 | 4558 | 6820 |
| 3月 | 2620 | 2280 | 5152 | 8824 |
| 4月 | 5165 | 3785 | 5133 | 7408 |
| 5月 | 4956 | 9454 | 2088 | 5882 |
| 6月 | 6169 | 5627 | 2779 | 5113 |
| 7月 | 9443 | 3870 | 4468 | 7132 |
| 8月 | 3800 | 4571 | 2785 | 9206 |
| 9月 | 6559 | 7851 | 2708 | 9932 |
| 10月 | 5447 | 9204 | 2792 | 8185 |
| 11月 | 3539 | 5783 | 4968 | 6166 |
| 12月 | 3616 | 9385 | 7718 | 9417 |
| 总计 | 59897 | 71663 | 48974 | 87774 |

图 2-9-20　小巴蜀食品销售表

（2）选择数据区域内的单元格，单击【插入】选项卡，在【图表】组中【插入折线图或面积图】按钮，选择【百分比堆积面积图】，创建如图 2-9-21 所示的图表。

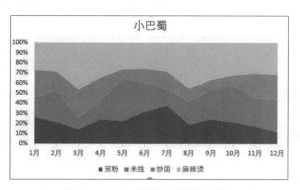

图 2-9-21　百分比堆积面积图

**高手勇拓展**

完成如图 2-9-22 所示的 2009—2018 年人口趋势图，源文件见资源文件"Excel 资源 /2-9 资源 /2009—2018 年人口趋势表 .xlsx"。

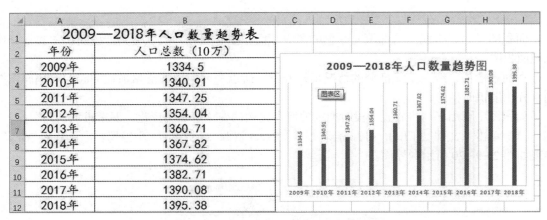

图 2-9-22　人口数量趋势表制作效果图

小贴士

图表不是单纯地把数值类数据转换成图形。图表可以直接影响人的视觉效果，能够把看数值类数据时需要时间去理解的信息内容瞬间传给对方。因此，根据用途和目的制作图表，须遵循"传达信息""简明好懂"的原则。

# Excel 高手速成第十关——设置表格打印

学习目标：

从制作入库查询表案例入手，学习在 Excel 工作表中设置打印单元格的操作方法，掌握在 Excel 中打印表格的技能。

## 高手抢"鲜"看

Excel 是一款非常优秀的软件，即使使用者不进行详细设置，打印效果也很好。不过，为了在工作中更好地使用 Excel，理解打印这一基本功能中的一些特点也非常重要。下面我们一起来完成入库查询表的制作（效果如图 2-10-1 所示）。

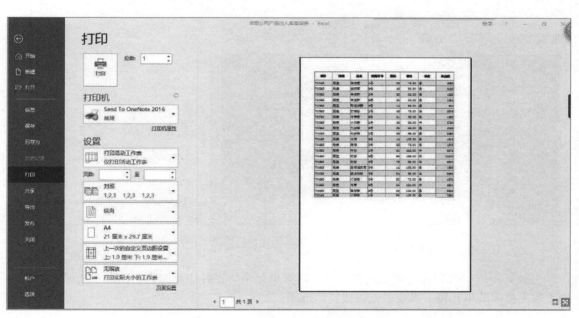

图 2-10-1 入库查询表制作效果图

在 Excel 中打印表格时，点击【文件】中的【打印】(快捷键 Ctrl+P)，显示打印页面。打印界面分左右两部分，左侧是与打印关联的各项设置，右侧是现有设置下的打印预览。通过该界面确认各项设置，设置完成后点击界面左上方的【打印】键。

## 1. 设置打印范围

开始打印前，先设置需要打印的范围。选定工作表内需要打印的部分，点击【页面布局】选项卡下【页面设置】选项组中的【打印区域】，设定选定范围为打印对象，如图 2-10-2所示。

图 2-10-2 设定工作表打印范围

另外，不进行设置时，默认工作表内的所有单元格均在打印范围内。因此，如果表中有一些不需要打印的单元格，需要事先设置打印范围。

## 2. 设置纸张方向和大小

设置好打印范围后，需要设置纸张方向和大小。打印横向表格时设为"横向"，再指定纸张大小。默认纸张是 A4 纸，可以根据表格实际大小选择合适的纸张大小。

如果文件和条件允许，尽量使用大一点的纸张，把表格打印在一张纸上。表格较大时建议使用 A3 纸，这样视觉效果会更好一些。

调整纸张大小和方向如图 2-10-3 所示。

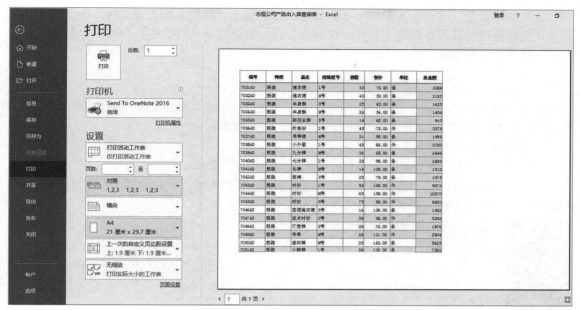

图 2-10-3　设置纸张大小和方向

## 3. 设置边距大小和缩放

　　如果表格过大，很难打印在一页上时，就要考虑更改页边距的大小。可以点击打印设置中【纸张类型】下的【自定义边距】，选择【窄】选项。

　　如果还是无法放在一页上时，点击位于【自定义边距】下的【缩放】，选择【将工作表调整为一页】。这样，系统会根据设定好的纸张方向和大小，自动按比例调整表的大小，打印在一页上，如图 2-10-4 所示。

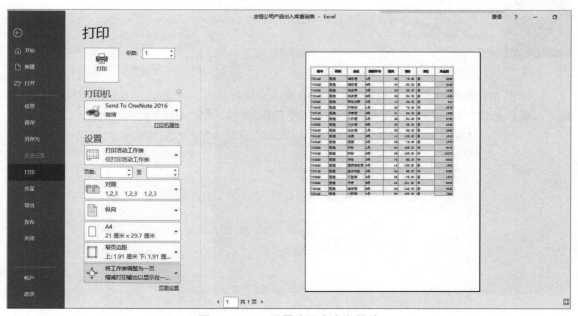

图 2-10-4　设置边距大小和缩放

工作表缩小后，打印出来的文字和数值也会相应变小。如果工作表很大时，还是分开打印为好。要尽量避免在默认状态下打印，这容易导致一页仅打印几行的现象发生。如果只多余几行，可适当缩小打印在一页上，以方便阅读。

### 4.设置页眉/页脚

如果文件只有两三页，直接打印即可。打印的文件有较多页时，最好在纸张的页眉（上部）和页脚（下部）处标注出工作簿的文件名、打印时间和页码等。

设置页眉/页脚的方法是：

（1）点击位于打印界面的右下方的【页面设置】按钮，如图2-10-5所示。

（2）在弹出的【页面设置】对话框内选择【页眉/页脚】选项卡，分别点击【自定义页眉】和【自定义页脚】按钮，如图2-10-6所示。

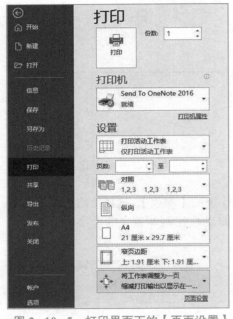

图 2-10-5　打印界面下的【页面设置】

图 2-10-6　【页面设置】选项卡

（3）移动光标选择页眉/页脚要放置的位置，选择好后插入文件名、日期和时间等对应的键，关联信息便会自动输入。在页眉处插入文件名和时间如图2-10-7所示。

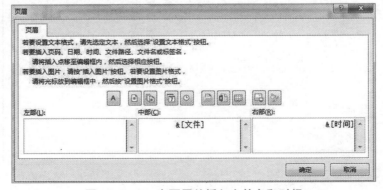

图 2-10-7　在页眉处插入文件名和时间

页眉/页脚的内容，除了可以在已预设好的模式中选择外，还可以自行设定。自行设定时，点击【自定义页眉】或【自定义页脚】按钮，手动输入即可。

## 5. 灵活打印

文件由多页内容组成并需要同时打印多份时，要在打印界面中设置【份数】，再将【打印方式】设为【对照】打印。如果不设置【对照】打印，那么在打印6份由3页组成的文件时，会按照打印第一页6份、打印第二页6份、打印第三页6份的顺序完成，这样打印完成后，装订时就需要花费较多的时间。设置【对照】打印后，会按1～3页为1组、分别打印6组的方式打印，这样打印完成后直接装订即可。设置打印份数和对照打印的界面如图2-10-8所示。

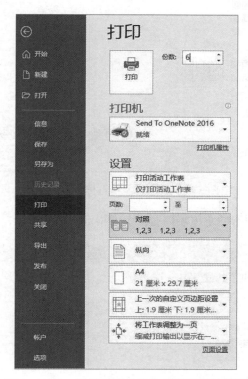

图 2-10-8　设置打印份数和对照打印的界面

## 6. 打印标题行

打印较长的多页纵向数据表时，特别是列较多时，一旦跨页，就不容易分清各列分别记录的信息是什么，这时需要在各页的第一行打印标题行。操作方法如下：

（1）点击【页面布局】选项卡下【页面设置】选项组中的【打印标题】按钮，如图2-10-9所示。

图 2-10-9　【页面布局】选项卡下【页面设置】选项组中的【打印标题】按钮

（2）在打开的【页面设置】对话框中选择【工作表】选项卡，如图2-10-10所示。

图2-10-10　【页面设置】对话框中的【工作表】选项卡

（3）在【工作表】选项卡的【顶端标题行】中指定表格的标题，如图2-10-11所示。

图2-10-11　指定【顶端标题行】中的表格标题

（4）这样设置以后，打印出的所有页的表的第一行均为标题行。

高手大闯关　　　　　扫一扫！看精彩视频

**Step 1：打开文件**

运行"Excel 2016"程序，单击【文件|打开】，打开资源文件"Excel 资源 /2－10 资源 / 凭证明细表 .xlsx"，出现如图 2－10－12 所示的界面。

| ▲ | A | B | C | D | E | F | G | H |
|---|---|---|---|---|---|---|---|---|
| 1 | 工资支出 | | | | | | | |
| 2 | 月份 | 张×× | 王×× | 李×× | 马×× | 胡×× | 吕×× | 工资支出 |
| 3 | 1月 | ¥5,000.00 | ¥5,500.00 | ¥6,000.00 | ¥5,800.00 | ¥6,200.00 | ¥7,200.00 | |
| 4 | 2月 | ¥6,200.00 | ¥5,500.00 | ¥6,200.00 | ¥5,500.00 | ¥6,200.00 | ¥7,200.00 | |
| 5 | 3月 | ¥6,200.00 | ¥5,800.00 | ¥5,800.00 | ¥5,500.00 | ¥6,200.00 | ¥7,200.00 | |
| 6 | 4月 | ¥6,200.00 | ¥5,800.00 | ¥5,800.00 | ¥5,800.00 | ¥6,200.00 | ¥5,800.00 | |
| 7 | 5月 | ¥5,000.00 | ¥5,800.00 | ¥6,000.00 | ¥5,800.00 | ¥6,200.00 | ¥5,800.00 | |
| 8 | 6月 | ¥5,500.00 | ¥5,800.00 | ¥6,000.00 | ¥5,800.00 | ¥6,200.00 | ¥5,800.00 | |
| 9 | 7月 | ¥5,000.00 | ¥7,200.00 | ¥6,200.00 | ¥5,800.00 | ¥5,800.00 | ¥5,800.00 | |
| 10 | 8月 | ¥5,000.00 | ¥5,500.00 | ¥6,200.00 | ¥7,200.00 | ¥5,800.00 | ¥6,000.00 | |
| 11 | 9月 | ¥5,800.00 | ¥5,500.00 | ¥6,200.00 | ¥7,200.00 | ¥5,800.00 | ¥6,000.00 | |
| 12 | 10月 | ¥5,800.00 | ¥5,500.00 | ¥6,000.00 | ¥5,500.00 | ¥5,800.00 | ¥7,200.00 | |
| 13 | 11月 | ¥5,800.00 | ¥5,500.00 | ¥6,000.00 | ¥5,800.00 | ¥6,200.00 | ¥7,200.00 | |
| 14 | 12月 | ¥5,800.00 | ¥5,500.00 | ¥6,000.00 | ¥5,800.00 | ¥6,200.00 | ¥7,200.00 | |

图 2－10－12　凭证明细表窗口界面

**Step 2：计算工资支出**

选中 H3 单元格，使用求和函数对"工资支出"工作表中的"工资支出"进行计算，如图 2－10－13 所示。

H3 　×　✓　*fx*　=SUM(B3:G3)

| ▲ | A | B | C | D | E | F | G | H |
|---|---|---|---|---|---|---|---|---|
| 1 | 工资支出 | | | | | | | |
| 2 | 月份 | 张×× | 王×× | 李×× | 马×× | 胡×× | 吕×× | 工资支出 |
| 3 | 1月 | ¥5,000.00 | ¥5,500.00 | ¥6,000.00 | ¥5,800.00 | ¥6,200.00 | ¥7,200.00 | ¥35,700.00 |
| 4 | 2月 | ¥6,200.00 | ¥5,500.00 | ¥6,200.00 | ¥5,500.00 | ¥6,200.00 | ¥7,200.00 | ¥36,800.00 |
| 5 | 3月 | ¥6,200.00 | ¥5,800.00 | ¥5,800.00 | ¥5,500.00 | ¥6,200.00 | ¥7,200.00 | ¥36,700.00 |
| 6 | 4月 | ¥6,200.00 | ¥5,800.00 | ¥5,800.00 | ¥5,800.00 | ¥6,200.00 | ¥5,800.00 | ¥35,600.00 |
| 7 | 5月 | ¥5,000.00 | ¥5,800.00 | ¥6,000.00 | ¥5,800.00 | ¥6,200.00 | ¥5,800.00 | ¥34,600.00 |
| 8 | 6月 | ¥5,500.00 | ¥5,800.00 | ¥6,000.00 | ¥5,800.00 | ¥6,200.00 | ¥5,800.00 | ¥35,100.00 |
| 9 | 7月 | ¥5,000.00 | ¥7,200.00 | ¥6,200.00 | ¥5,800.00 | ¥5,800.00 | ¥5,800.00 | ¥35,800.00 |
| 10 | 8月 | ¥5,000.00 | ¥5,500.00 | ¥6,200.00 | ¥7,200.00 | ¥5,800.00 | ¥6,000.00 | ¥35,700.00 |
| 11 | 9月 | ¥5,800.00 | ¥5,500.00 | ¥6,200.00 | ¥7,200.00 | ¥5,800.00 | ¥6,000.00 | ¥36,500.00 |
| 12 | 10月 | ¥5,800.00 | ¥5,500.00 | ¥6,000.00 | ¥5,500.00 | ¥5,800.00 | ¥7,200.00 | ¥35,800.00 |
| 13 | 11月 | ¥5,800.00 | ¥5,500.00 | ¥6,000.00 | ¥5,800.00 | ¥6,200.00 | ¥7,200.00 | ¥36,500.00 |
| 14 | 12月 | ¥5,800.00 | ¥5,500.00 | ¥6,000.00 | ¥5,800.00 | ¥6,200.00 | ¥7,200.00 | ¥36,500.00 |

图 2－10－13　使用求和函数计算工资支出

Step 3：使用 VLOOKUP 函数调用"工资支出"表中"工资支出"数据

选中"明细表"中 B3 单元格，输入公式"=IF(A3=" "," ",VLOOKUP(A3,工资支出!A\$3:H\$14,8,0))"，完成"明细表"工作表里工资支出情况统计，如图 2-10-14 所示。

| 月份 | 工资支出 | 招待费用 | 差旅费用 | 公车费用 | 办公用品费用 | 员工福利费用 | 房租费用 | 其他 |
|---|---|---|---|---|---|---|---|---|
| \multicolumn{9}{c}{××公司年度开支凭证明细表} |||||||||
| 1月 | ¥35,700.0 | ¥15,000.0 | ¥4,000.0 | ¥1,200.0 | ¥800.0 | ¥0.0 | ¥9,000.0 | ¥0.0 |
| 2月 | ¥36,800.0 | ¥15,000.0 | ¥6,000.0 | ¥2,500.0 | ¥800.0 | ¥6,000.0 | ¥9,000.0 | ¥0.0 |
| 3月 | ¥36,700.0 | ¥15,000.0 | ¥3,500.0 | ¥1,200.0 | ¥800.0 | ¥0.0 | ¥9,000.0 | ¥800.0 |
| 4月 | ¥35,600.0 | ¥15,000.0 | ¥4,000.0 | ¥4,000.0 | ¥800.0 | ¥0.0 | ¥9,000.0 | ¥0.0 |
| 5月 | ¥34,600.0 | ¥15,000.0 | ¥4,800.0 | ¥1,200.0 | ¥800.0 | ¥0.0 | ¥9,000.0 | ¥0.0 |
| 6月 | ¥35,100.0 | ¥15,000.0 | ¥6,200.0 | ¥800.0 | ¥800.0 | ¥4,000.0 | ¥9,000.0 | ¥0.0 |
| 7月 | ¥35,800.0 | ¥15,000.0 | ¥4,000.0 | ¥1,200.0 | ¥800.0 | ¥0.0 | ¥9,000.0 | ¥1,500.0 |
| 8月 | ¥35,700.0 | ¥15,000.0 | ¥1,500.0 | ¥1,200.0 | ¥800.0 | ¥0.0 | ¥9,000.0 | ¥1,600.0 |
| 9月 | ¥36,500.0 | ¥15,000.0 | ¥4,000.0 | ¥3,200.0 | ¥800.0 | ¥4,000.0 | ¥9,000.0 | ¥0.0 |
| 10月 | ¥35,800.0 | ¥15,000.0 | ¥3,800.0 | ¥1,200.0 | ¥800.0 | ¥0.0 | ¥9,000.0 | ¥0.0 |

图 2-10-14　使用 VLOOKUP 函数调用"工资支出"数据

Step 4：使用 VLOOKUP 函数调用其他数据

选中"明细表"中 C3 单元格，输入公式"=IF(A3=" "," ",VLOOKUP(A3,其他支出!\$A\$3:\$H\$14,2,0))"，调用"其他支出"工作表中数据，如图 2-10-15 所示。

| 月份 | 工资支出 | 招待费用 | 差旅费用 | 公车费用 | 办公用品费用 | 员工福利费用 | 房租费用 | 其他 |
|---|---|---|---|---|---|---|---|---|
| \multicolumn{9}{c}{××公司年度开支凭证明细表} |||||||||
| 1月 | ¥35,700.0 | ¥15,000.0 | ¥4,000.0 | ¥1,200.0 | ¥800.0 | ¥0.0 | ¥9,000.0 | ¥0.0 |
| 2月 | ¥36,800.0 | ¥15,000.0 | ¥6,000.0 | ¥2,500.0 | ¥800.0 | ¥6,000.0 | ¥9,000.0 | ¥0.0 |
| 3月 | ¥36,700.0 | ¥15,000.0 | ¥3,500.0 | ¥1,200.0 | ¥800.0 | ¥0.0 | ¥9,000.0 | ¥800.0 |
| 4月 | ¥35,600.0 | ¥15,000.0 | ¥4,000.0 | ¥4,000.0 | ¥800.0 | ¥0.0 | ¥9,000.0 | ¥0.0 |
| 5月 | ¥34,600.0 | ¥15,000.0 | ¥4,800.0 | ¥1,200.0 | ¥800.0 | ¥0.0 | ¥9,000.0 | ¥0.0 |
| 6月 | ¥35,100.0 | ¥15,000.0 | ¥6,200.0 | ¥800.0 | ¥800.0 | ¥4,000.0 | ¥9,000.0 | ¥0.0 |
| 7月 | ¥35,800.0 | ¥15,000.0 | ¥4,000.0 | ¥1,200.0 | ¥800.0 | ¥0.0 | ¥9,000.0 | ¥1,500.0 |
| 8月 | ¥35,700.0 | ¥15,000.0 | ¥1,500.0 | ¥1,200.0 | ¥800.0 | ¥0.0 | ¥9,000.0 | ¥1,600.0 |
| 9月 | ¥36,500.0 | ¥15,000.0 | ¥4,000.0 | ¥3,200.0 | ¥800.0 | ¥4,000.0 | ¥9,000.0 | ¥0.0 |
| 10月 | ¥35,800.0 | ¥15,000.0 | ¥3,800.0 | ¥1,200.0 | ¥800.0 | ¥0.0 | ¥9,000.0 | ¥0.0 |

图 2-10-15　使用 VLOOKUP 函数调用"其他支出"工作表数据

Step 5：设置打印

选中明细表，在【文件】选项【打印】界面中，设置打印【份数】6 份，并设置打印方向为【横向】，如图 2-10-16 所示。

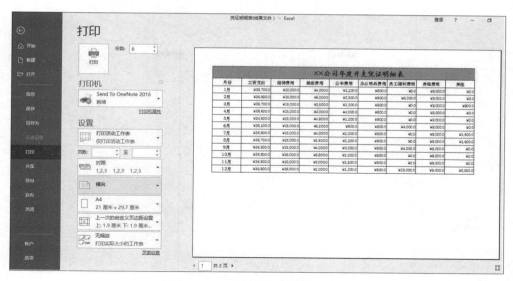

图 2-10-16　设置打印份数和方向

**高手再拓展**

完成如图 2-10-17 所示的打印员工考勤表的设置，源文件见资源文件"Excel 资源 /2-10 资源 / 员工考勤表 .xlsx"。

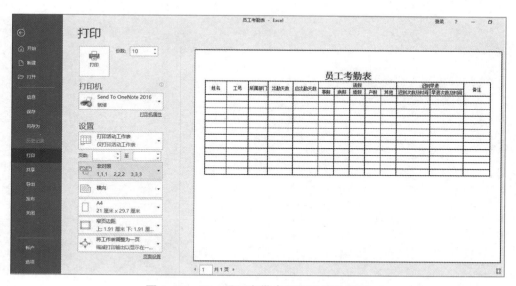

图 2-10-17　员工考勤表打印设置效果图

**小贴士**

将用 Excel 制作的表导出为 PDF 格式的文件时，需要先在打印界面中设置后再导出，点击【创建 PDF/XPS 文档】。这样，表格的内容便可以按照设置好的打印样式导出 PDF 格式文件。

# 第三篇

# PowerPoint
# 演示文稿篇

office

**Power Point** 高手速成第一关——巧妙制图设计公司营销方案

学习目标：

　　从制作形状案例入手，学习 PowerPoint 演示文稿的制图功能，掌握 PowerPoint 形状、形状运算、图层、组合及对象样式工具等制图操作技能。

高手抢"鲜"看

　　PPT 中很多复杂的形状效果，其实都是由简单的形状进行组合剪接出来的。图 3-1-1 所示为开口方框制作效果。

图 3-1-1　开口方框制作效果

高手加油站

　　PowerPoint 2016 提供了形状、形状运算、图层、对象、组合及对象样式工具等制图功能，使用方法很简单，但是要想制作出漂亮的 PPT，还需要认真学习，熟练掌握相关技能。本节以形状工具和形状运算工具为例进行讲解。

## 1. 形状工具

PowerPoint 2016 提供了很多形状，如图 3-1-2 所示。

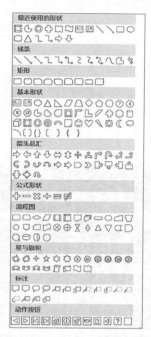

图 3-1-2　**PowerPoint 2016 提供的形状**

以椭圆为例，其绘制方法是：单击【插入 | 形状 | 基本形状 | 椭圆】，单击鼠标左键拖动绘制。绘制时按住 Shift 键拖动可得到正圆形。

## 2. 形状运算工具

PowerPoint 2016 提供了联合、组合、拆分、相交和剪除 5 个图形运算工具，如图 3-1-3 所示。

图 3-1-3　**PowerPoint 2016 提供的形状运算工具**

以铜钱形状制作为例，其操作方法是：分别绘制一个正圆形和一个正方形，选中圆形和方形后，单击【格式 | 排列 | 对齐 | 水平居中 | 对齐 | 垂直居中 | 插入形状 | 合并形状 | 剪除】。如图 3-1-4 所示。

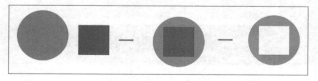

图 3-1-4　铜钱形状制作实例示意图

高手大闯关  扫一扫！看精彩视频

案例：久违传媒公司营销方案

方法1：

（1）绘制图文框。

打开"PPT资源/3-1资源/3-1案例1源文件"，在第一页单击【插入|形状|基本形状|图文框】绘制，形状填充：白色；形状轮廓：无轮廓。拖动橙色调节柄调整形状大小。绘制图文框效果如图3-1-5所示。

图3-1-5　绘制图文框效果

（2）绘制斜纹。

单击【插入|形状|基本形状|斜纹】绘制，调整位置及大小形状，复制几个。绘制斜纹效果如图3-1-6所示。

图3-1-6　绘制斜纹效果

（3）绘制开口矩形。

选中【图文框】，按 Ctrl 键选中所绘制的斜纹，单击【格式|插入形状|合并形状|剪除】。绘制开口矩形效果如图 3-1-7 所示。

图 3-1-7　绘制开口矩形效果

方法 2：

（1）绘制直线。

打开"PPT 资源/3-1 资源/3-1 案例 1 源文件"，在第二页单击【插入|形状|线条|直线】绘制直线；选中所绘制直线，单击右键【设置形状格式】，打开设置形状格式窗格，单击【填充与线条】按钮，设置线条为实线，颜色为白色，透明度为 0%，宽度 12 磅。绘制直线效果如图 3-1-8 所示。

图 3-1-8　绘制直线效果

（2）复制直线，调整大小及位置。

复制 4 条直线并调整大小、位置。效果如图 3-1-9 所示。

图 3-1-9　复制直线，调整大小及位置效果

此时开口方框的大体效果制作完毕，但是方框的四个角还有缺陷，不完美，如图 3-1-10 所示。

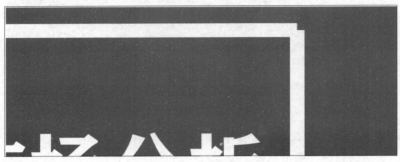

图 3-1-10　方框四角缺陷

（3）调整直线端点类型。

选中所有直线，单击鼠标右键【设置形状格式】，打开设置形状格式窗格，单击【填充与线条】按钮，线条端点类型设置为正方形，微调线条位置，以"久违传媒公司营销方案 .pptx"命名，保存文件，案例制作完成。

完成后的效果如图 3-1-11 所示。

图 3-1-11　开口方框最终效果

**高手勇拓展**

打开"PPT 资源 /3-1 资源 /3-1 案例 2 源文件",完成如图 3-1-12、图 3-1-13、图 3-1-14 所示的效果。

图 3-1-12　双波形装饰

图 3-1-13　波形、圆环装饰

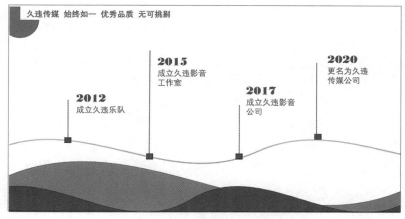

图 3-1-14　用双波形制作时间线

操作提示：

（1）绘制双波形，调整形状，设置填充及透明度格式。

（2）绘制波形，调整形状，设置填充及三维格式；绘制圆环、波形等，调整形状，进行形状运算。

（3）绘制双波形，时间线无颜色填充，渐变线形轮廓填充，渐变类型：矩形，选中双波形，单击右键【置于底层 | 置于底层】；绘制波形、双波形，填充颜色，调整大小位置，达到装饰效果。

---

小贴士

主要使用波形、双波形、圆环、十字，结合形状运算工具中的剪除进行制作。要充分利用调节柄进行形状调整，注意形状格式的设置，整体效果美观大方。

## Power Point — 高手速成第二关——文字对比优化公司广告策划

**学习目标：**

从文字案例入手，学习 PowerPoint 演示文稿的文字功能，掌握 PowerPoint 字体、字号、格式等操作技能。

### 高手抢"鲜"看

文字是抽象的符号，是 PPT 中最重要的元素。但是文字这种线性的信息使得受众的理解效率很低，容错性差。所以，在 PPT 中，文字的使用就需要提纲挈领，传达内容的关键信息，要扬长避短，明确演示者的观点。图 3-2-1 所示为文字设计效果。

图 3-2-1　文字设计效果

### 高手加油站

如果你设计的 PPT 内容很丰富，图片设计很美观，但是观赏性却很差，这时你需要考虑自己是不是忽略了文字的设计。图 3-2-2 所示的广告宣传策划书首页的观赏性就较差。

PPT 中文字的三个要素为：字体、字号和格式。美观的字体设计和排版会让文字更有美感。熟练掌握文字设计和排版的相关技能，一定可以制作出具有惊艳视觉效果的演示文稿。

图 3-2-2　广告宣传策划书首页

## 1. 字体

　　字体指的是文字的风格样式。比如黑体、宋体、楷体、行书等。PowerPoint 2016 提供了很多字体，但更多精美的字体需要我们自己安装。

　　字体和书籍、照片、软件一样，都受到著作权法的保护。西文有免费的字体，但中文字体极少免费。因此，我们在选择字体时，如果对字体的授权使用范围不清楚，可以搜索原作者或字体公司查看授权明细，也可联系作者询问授权细节。一定不能将不是免费的字体作为设计要素用于商业，否则会给自己带来很大的麻烦。

## 2. 字号

　　字号就是文字的大小。设置字号时要保证观众能够看清 PPT 上最小的字。对演示类 PPT，字号还要根据字体、投影设备、会场大小、观众视力等因素来决定。根据经验，如果会议厅长度为 8 米，其末排观众看到的 20 号字，等同于在电脑旁看到电脑屏幕上的 14 号字。

　　随着字号的增大，PPT 中每页显示的内容也会变得拥挤，排版难度增大。所以，PPT 中的字并不是越大越好，要在保证能看清楚的前提下，选择较小的字号。

## 3. 格式

　　PowerPoint 2016 支持的文字格式设置非常多，包括文字的字体设置、段落设置、填充设置、轮廓设置、艺术效果等。部分文字格式设置如图 3-2-3 所示。

图 3-2-3　PowerPoint 2016 支持的部分文字格式设置

## 4. 文字的搭配

PPT 中的字体分为标题字体、正文字体和装饰字体三大类。这三类字体都应契合 PPT 的整体风格和气质。将三类字体进行科学合理的搭配，PPT 的整体效果会得到较大提升。下面以文字对比为例进行讲解。

文字可以从多方面进行对比设计，如文图对比、水印对比、虚实对比、颜色对比，以及我们常用的行间距对比、字体大小对比和语言对比。文字水印对比效果如图 3-2-4 所示，文字大小对比效果如图 3-2-5 所示，文字虚实对比效果如图 3-2-6 所示。

图 3-2-4　文字水印对比效果

图 3-2-5　文字大小对比效果

图 3-2-6　文字虚实对比效果

高手大闯关　　　　　　　扫一扫！看精彩视频

案例：久违传媒公司广告宣传策划书

（1）字体、字号对比。

打开"PPT 资源/3-2 资源/3-2 案例 1 源文件"，在第一页选中标题文字"广告宣传策划书", 更改字体颜色为白色, 背景 1; 字体为粗黑宋简体 (可自行选择字体); 字号更改为 66。标题文字更改效果如图 3-2-7 所示。

图 3-2-7　标题文字更改效果

(2) 颜色、间距对比。

选中副标题文字"久违传媒公司", 更改字体颜色为白色, 背景 1, 深色 25%; 单击右键【字体 | 字符间距 | 间距 | 加宽】, 度量值为 20 磅, 调整文字位置。副标题文字更改效果如图 3-2-8 所示。

图 3-2-8　副标题文字更改效果

（3）语言对比。

复制文本框"久违传媒公司"，更改文字为英文，调整位置，首页制作完成。策划书首页完成后的效果如图 3-2-9 所示。

图 3-2-9　策划书首页完成后效果

（4）间距、语言对比。

打开第二页，选中标题栏文字"久违传媒公司"，单击右键【字体|字符间距|间距|加宽】，度量值为 10 磅；添加英文，更改字体颜色为白色，背景 1，深色 25%；调整文本框大小及文字位置。标题栏字体设计效果如图 3-2-10 所示。

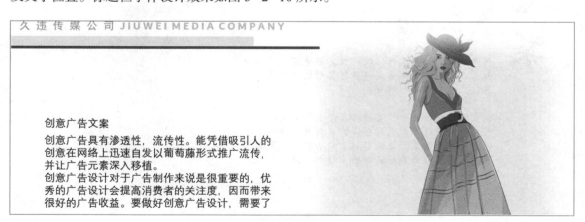

图 3-2-10　标题栏字体设计效果

（5）虚实对比。

插入 4 个文本框，分别输入"创意广告"4 个字。选中该 4 个文本框，右键单击其中一个文本框，选择【设置对象格式】，打开设置形状格式窗格，单击【文本选项|文本填充与轮廓】设置文本填充为渐变填充，类型为线性，方向为线性向右；调整光圈颜色为蓝色，个性 1，淡色 40%；再修改某个光圈的透明度为 0%。文字渐变填充效果如图 3-2-11 所示。

图 3-2-11　文字渐变填充效果

（6）文字排版。

插入文本框，输入"文案"并设置其字体为汉义尚巍手书 W；字号为 72；调整其位置，选中正文字体，将字体设置为华文行楷；字号为 20，并进行排版。以"久违传媒公司广告宣传策划书 .pptx"命名，保存文件。

至此，案例制作完成，最终效果如图 3-2-12 所示。

图 3-2-12　最终效果

**高手勇拓展**

打开"PPT 资源 /3-2 资源 /3-2 案例 2 源文件"，完成如图 3-2-13 和图 3-2-14 所示的"香奈儿 .pptx"的制作效果。

图 3-2-13　字体效果 1

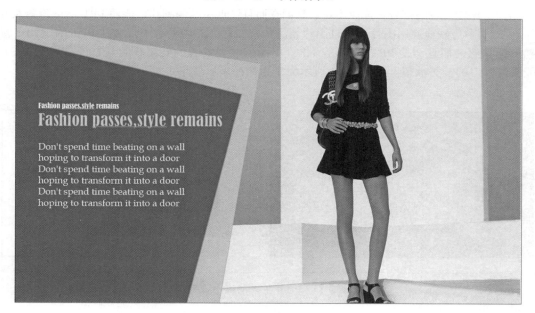

图 3-2-14　字体效果 2

操作提示：

（1）文字渐变填充，设置字体、大小、水印、语言等对比效果。

（2）文字纯色，有轮廓填充，设置字体、大小对比效果。

小贴士 ┃ 主要使用文字字体、字号、格式相关功能进行设计，充分利用文字对比技巧，
使整体视觉效果惊艳。

Power Point

## 高手速成第三关——图像处理宣传展示公司产品

学习目标：

从图像处理案例入手，学习 PowerPoint 演示文稿的图像处理功能，掌握 PowerPoint 图片裁剪、抠图、柔化、虚化等操作技能。

P≡ 高手抢"鲜"看

图像是比较直观的符号。选择美观、有创意而且贴近主题的图片，能使 PPT 显得精美大方。

在 PPT 中巧妙地使用图片，通过图片表达情感、意义、内涵，不仅会让 PPT 的设计充满视觉感、趣味感，而且会使 PPT 具备情感化，更能引起观赏者的共鸣。尤其是产品展示类 PPT，更能激发客户的购买欲望。图 3-3-1 所示为华为产品展示效果。

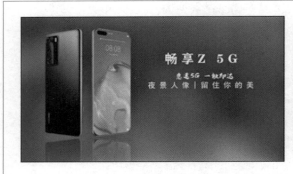 

图 3-3-1　华为产品展示效果

P≡ 高手加油站

为了使图片能更好地与 PPT 中的内容相融合，我们经常需要借助 Photoshop 对图片进行处理，这增加了制作精美 PPT 的难度。PowerPoint 2016 为图片处理提供了比较简单的方法，我们可以省时省力地、方便地进行设计。

### 1. 裁剪

PowerPoint 2016 提供了多种裁剪方式，具体如图 3-3-2 所示。

图 3-3-2　PowerPoint 2016 提供的裁剪方式

例如，华为手机图片的裁剪方法是：选中图片，单击【格式|裁剪】，拖拽裁剪控制点至合适位置，单击【裁剪】完成操作，具体如图 3-3-3 所示。

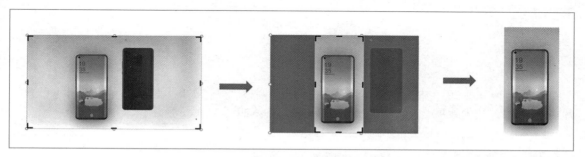

图 3-3-3　图片裁剪方法

## 2. 抠图

PowerPoint 2016 提供了以下两种抠图方法：

第一种：选中图片，单击【格式|调整|颜色|设置透明色】，在需要抠掉的颜色区域单击。此方法在需要抠除的部分与背景颜色一样的情况下，会造成图片损坏，达不到抠图效果。

第二种：单击【格式|调整|删除背景|标注要保留区域或标记要删除的区域|保留更改】。此方法比较常用。

以删除背景为例，选中图片后单击【格式|调整|删除背景|标记要删除的区域|保留更改】，操作方法如图 3-3-4 所示。

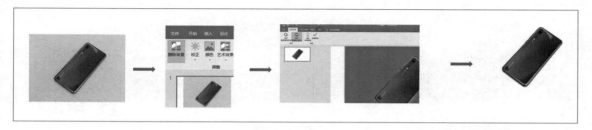

图 3-3-4　图片抠图方法

## 3. 柔化

PowerPoint 2016 中设置图片的柔化效果时，需要选中图片，单击【格式|图片样式|图片

效果 | 柔化边缘】，选择 50 磅或选择【柔化边缘选项】，打开设置图片格式窗格，设置柔化边缘大小为 67 磅，具体操作如图 3-3-5 所示。

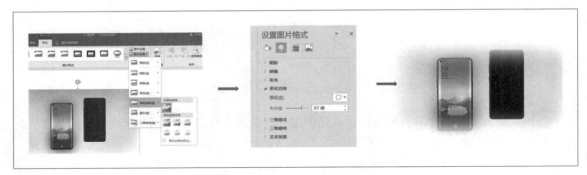

图 3-3-5　图片柔化效果设置方法

### 4. 虚化

在 PowerPoint 2016 中选中图片，单击【格式 | 调整 | 艺术效果 | 虚化】，单击右键【设置图片格式 | 效果 | 艺术效果 | 半径】，设置半径为 42，具体如图 3-3-6 所示。

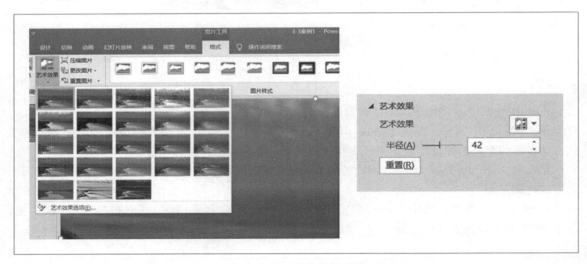

图 3-3-6　图片虚化设置

高手大闯关　　　　　　　扫一扫！看精彩视频

案例：华为产品展示

（1）产品展示首页。

打开"PPT 资源 /3-3 资源 /3-3 案例 1 源文件"，在第一页选中背景图片，单击【格式 | 调整 | 艺术效果 | 虚化】；选中标题文字，更改字体格式（可自行选择字体、字号），调整位置。背景、标题文字更改效果如图 3-3-7 所示。

图 3-3-7　背景、标题文字更改效果

（2）LOGO 图片设置。

选中华为 LOGO 图片，运用设置透明色去除图片背景，单击【格式 | 调整 | 颜色 | 设置透明色】，单击图片白色区域，再次单击【格式 | 调整 | 更正】，设置亮度为 +20%，对比度 0%（正常），调整图片大小及位置。LOGO 图片设置效果如图 3-3-8 所示。

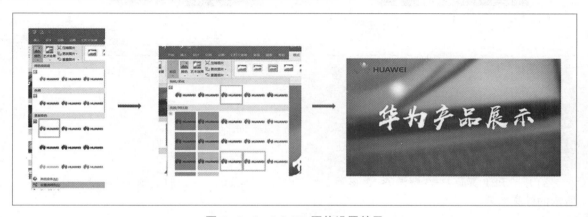

图 3-3-8　LOGO 图片设置效果

（3）手机产品展示页设置。

单击第二页，选中手机图片，单击【格式 | 删除背景 | 标记要保留的区域】，单击左键选择手机区域，设定好要保留区域后，单击【保留更改】；单击【格式 | 图片样式 | 图片效果 | 柔化边缘】，柔化边缘大小设置为 5 磅；单击【格式 | 图片样式 | 图片效果 | 映像 | 映像变体 | 紧密映像 | 接触】；设置文字格式并调整文字、图片至合适的位置。手机产品展示页效果如图 3-3-9 所示。

图 3-3-9　手机产品展示页效果

（4）笔记本产品展示页设置。

单击第三页，选中笔记本图片，单击【格式 | 删除背景 | 保留更改】，去除白色背景，调整大小；复制一个副本，各剪裁一半；选择左或右面图片，设置虚化效果。调整文字格式及位置。笔记本产品展示页效果如图 3-3-10 所示。

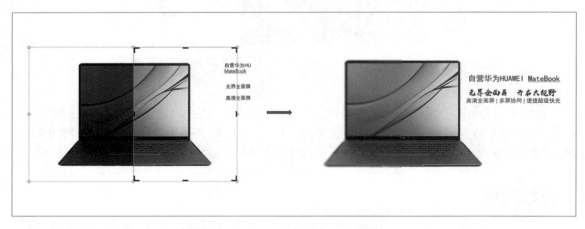

图 3-3-10　笔记本产品展示页效果

PE 高手再拓展

打开"PPT 资源 /3-3 资源 /3-3 案例 2 源文件"，完成如图 3-3-11、图 3-3-12、图 3-3-13所示的效果。

图 3-3-11　自然堂产品展示首页

图 3-3-12　自然堂彩妆产品展示 1

图 3-3-13　自然堂彩妆产品展示 2

操作提示：
（1）灵活使用图片艺术效果、删除背景、裁剪、柔化、虚化等操作技能。
（2）文字设计要契合主题，整体设计和谐融合。

小贴士 ｜ 主要使用图片艺术效果、裁剪、抠图、虚化等相关功能进行设计，充分利用
图像处理技巧进行调整，整体设计美观大方。

## Power Point 高手速成第四关——图表制作说明产品销售情况

**学习目标：**

从图表案例入手，学习 PowerPoint 演示文稿的图表制作及优化功能，掌握 PowerPoint 中选择合适图表、制作图表、优化图表等操作技能。

### 高手抢"鲜"看

俗话说"文不如表"，可见图表在 PPT 中的重要性。图表可将比较抽象的数据变成图形，更直观地对比数据大小，反映数据变化趋势，激发受众的兴趣。

PPT 中的图表一般包含图表区、图表标题、绘图区、图例、数据标签、坐标轴、网格线、数据来源、脚注等元素。在制作图表时应注意，并不是元素越多越好，要在保证图表功能性的基础上，删掉不必要的元素，保持图表的简洁，也不要选用内容、颜色过于复杂的背景，这样的 PPT 才显得"气度不凡"。图表设计效果如图 3-4-1 所示。

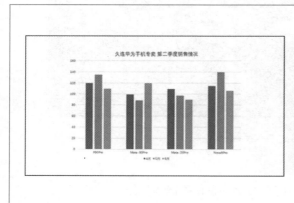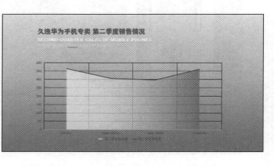

图 3-4-1　图表设计效果

### 高手加油站

PowerPoint 2016 提供了 15 大类近 60 种图表。如何选择合适的图表，提升 PPT 的观赏性呢？下面的内容也许能够提供完美的答案。

## 1. 图表的选择

PowerPoint 2016 中提供的图表种类繁多，我们在制作时要根据数据特点选择合适的图表类型。最常用的是柱形图、饼图、条形图和折线图，以及它们的衍生图表。

柱形图：数据的大小由高度来表示。重点突出随时间的变化数据的变化或各项间的比较。

饼图：数据所占比例由各扇形或圆弧的长度来表示。重点突出整体性。

条形图：数据大小由长度来表示。重点突出数据对比，不显示数据随时间的变化。

折线图：数据大小由数据点来表示。重点突出数据随时间的变化，更侧重于表现数据随时间变化的趋势。

## 2. 图表的制作

插入图表：单击【插入 | 插图 | 图表】，在弹出的【插入图表】对话框中选择合适的图表类型，单击【确定】即可。插入图表窗口如图 3-4-2 所示。

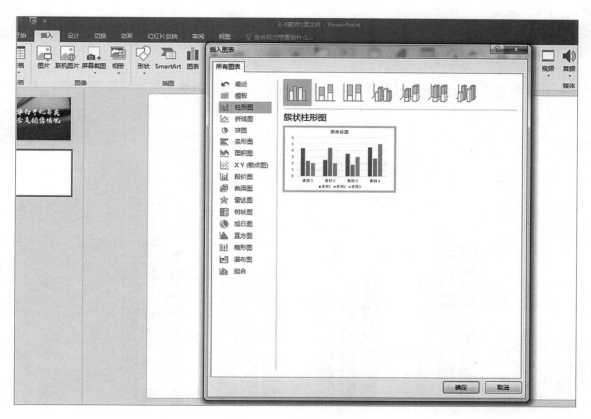

图 3-4-2　插入图表窗口

编辑数据：插入图表后，PowerPoint 2016 会自动打开 Excel 数据编辑窗口。在数据编辑窗口中拖动边线可增加、删减数据。图表数据编辑窗口如图 3-4-3 所示。

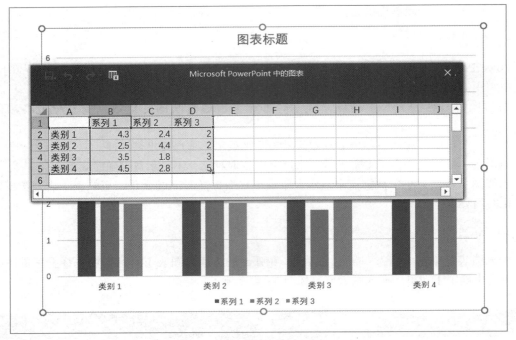

图 3-4-3　图表数据编辑窗口

在数据编辑窗口中编辑好数据后，直接关闭窗口即可。编辑数据完成效果如图 3-4-4 所示。

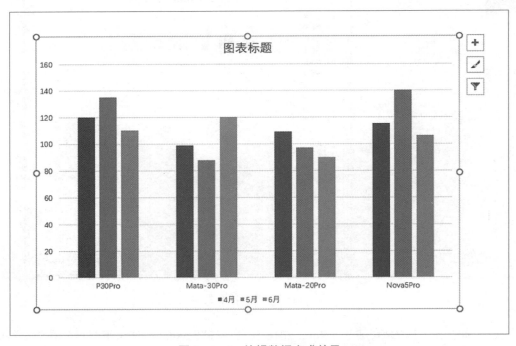

图 3-4-4　编辑数据完成效果

修改数据：如需再次修改数据，选中图表，单击【设计 | 数据 | 编辑数据 | 编辑数据】，重新打开数据编辑窗口。【选择数据】用来指定图表的数据序列；【切换行 / 列】用来调换图表的纵横坐标轴。修改数据窗口如图 3-4-5 所示。

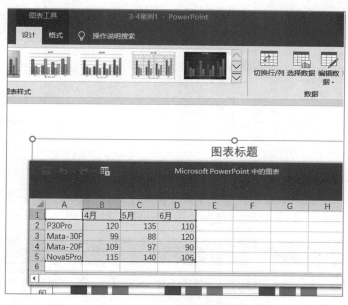

图 3-4-5　修改数据窗口

修改图表：选中图表，单击【设计 | 类型 | 更改图表类型】可更改图表类型，如图 3-4-6 所示。选中图表，单击【设计 | 图表布局 | 添加图表元素】可添加、删减图表元素，如图 3-4-7 所示。

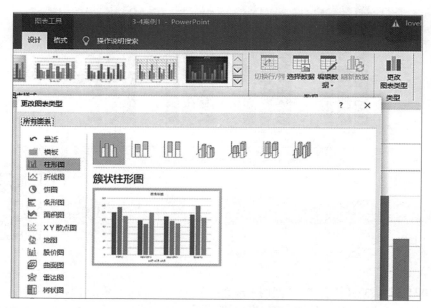

图 3-4-6　更改图表类型

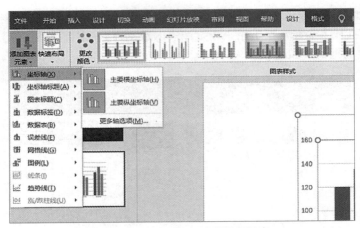

图 3-4-7　添加、删减图表元素

优化图表：选中图表中的任意元素，单击【格式】进行形状样式、艺术字样式、排列等图表元素优化设置，如图 3-4-8 所示。（也可使用组合图表功能制作动态图表）

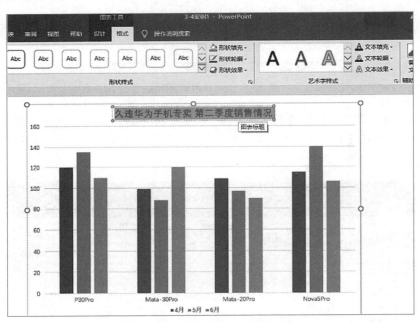

图 3-4-8　图表元素优化设置

**高手大闯关**　　　　　　　　　　　　　　扫一扫！看精彩视频

案例：久违华为手机专卖第二季度销售情况

（1）插入图表。

打开"PPT 资源 /3-4 资源 /3-4 案例 1 源文件"，单击第二页，单击【插入|插图|图表|组合】，设定需要组合的图表类型（以折线图、面积图、条形图为例），系列 1 图表类型设置为折线图；系列 2 图表类型设置为面积图；系列 3 图表类型设置为簇状条形图。组合图表窗口如图 3-4-9 所示。

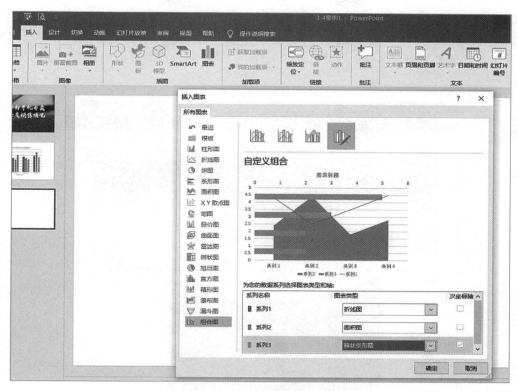

图 3-4-9　组合图表窗口

单击【确定】，制作完成三个图表的组合图表，效果如图 3-4-10 所示。

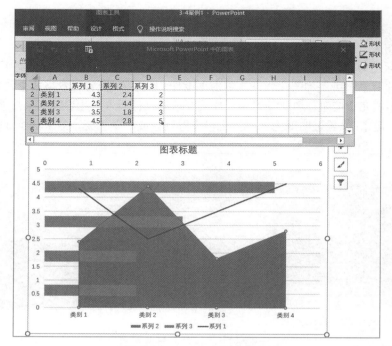

图 3-4-10　组合图表效果

（2）编辑数据。

在 Excel 数据编辑窗口中，删除系列 3 一列，将"久违华为手机专卖第二季度销售各品牌总量"输入系列 1 中，保持系列 2 数据和系列 1 一致。组合图表数据编辑效果如图 3-4-11 所示。

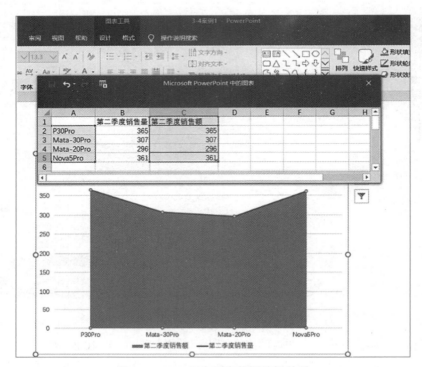

图 3-4-11 组合图表数据编辑效果

（3）优化图表。

编辑图表标题为"久违华为手机专卖第二季度销售情况"，设置文字格式。具体如下：

更改幻灯片背景：可添加图片背景，单击【设计 | 自定义 | 设置背景格式】，打开设置背景格式窗格，单击【填充】按钮，填充设置为图片或纹理填充；插入图片设置为来自文件，选择合适图片；单击【确定】，设置透明度为 20%，也可设置纯色或渐变填充。效果如图 3-4-12 所示。

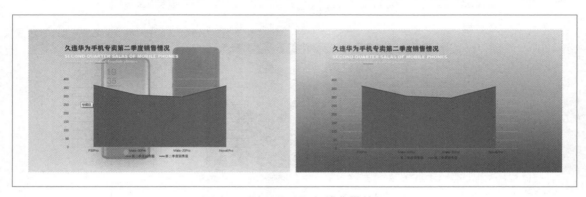

图 3-4-12 更改幻灯片背景效果

为图表添加垂直网格线：选中图表，点击图表右上方的"＋"号，为图表添加垂直网格线，单击空白处完成操作，如图 3-4-13 所示。

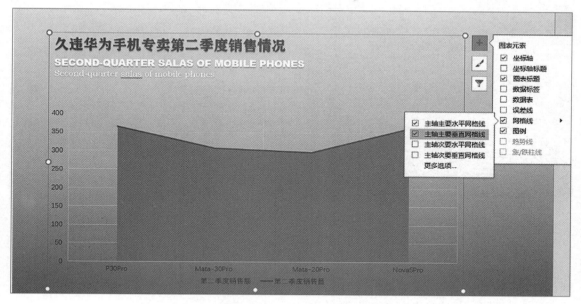

图 3-4-13　添加垂直网格线

设置网格线、折线颜色：选中网格，单击右键【设置网格线格式】，打开设置主要网格线格式窗格，单击【填充与线条】按钮，设置线条为实线，颜色为黑色，文字 1，宽度为 0.75 磅，如图 3-4-14 所示。折线颜色设置方法与网格线颜色设置方法一样。

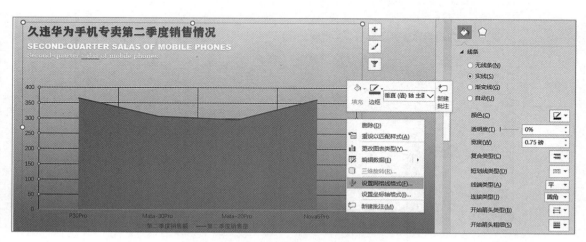

图 3-4-14　网格线、折线颜色设置

设置面积填充颜色：选中面积图，单击右键【设置数据系列格式】，打开设置数据系列格式窗格，单击【填充与线条】按钮，设置填充为渐变填充，类型为线性，颜色为蓝色（可自定），透明度为 25%，如图 3-4-15 所示。

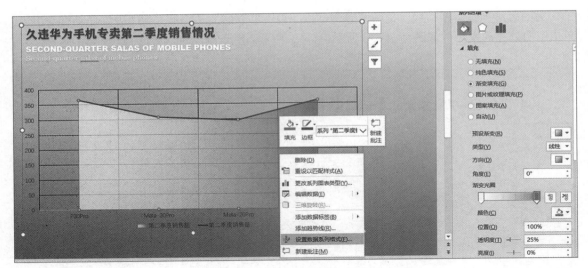

图 3-4-15　面积填充颜色设置

（4）图表动画设置。

选中图表，单击【动画 | 动画 | 擦除 | 效果选项】，设置方向为"自左侧"，序列为"按系列"，如图 3-4-16 所示。（如果想达到面积与折线同时运动，可将面积动画播放设置为从上一项开始播放即可，具体操作方法详见 PowerPoint 高手速成第五关）

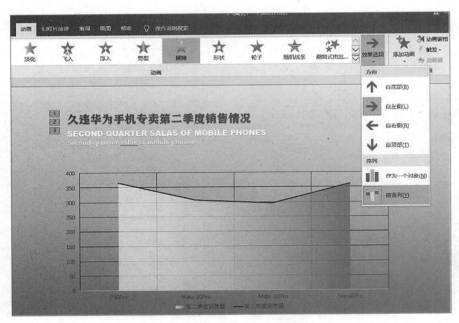

图 3-4-16　图表动画设置

高手勇拓展

打开"PPT 资源 /3-4 资源 /3-4 案例 2 源文件"，完成如图 3-4-17 和图 3-4-18 所示的效果。

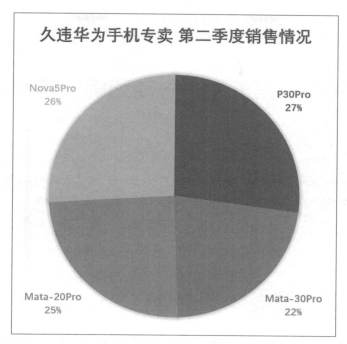

图 3-4-17 饼图设计

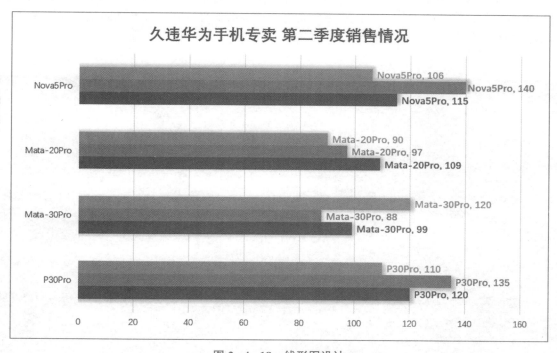

图 3-4-18 线形图设计

小贴士

主要使用图表中饼图、线形图相关功能进行设计，练习时大胆创新，优化设置图表，以求达到最佳效果。

**Power Point**

# 高手速成第五关——动画解密制作时尚弹幕动画

学习目标：

从动画设计案例入手，学习 PowerPoint 演示文稿的动画设置功能，掌握 PowerPoint 中基础动画、强调动画、体验动画的操作技能。

## 高手抢"鲜"看

在 PPT 设计中，选择合适有效、流畅自然、精致精彩的动画，针对重点内容进行强调突出，能更好地吸引受众的眼球，引领其思路，帮助其理解，从而获得受众的情感认同。动画可灵活排版，能节省大量空间，避免页面内容过多而显得繁杂。弹幕动画效果如图 3-5-1 所示。

图 3-5-1　弹幕动画效果

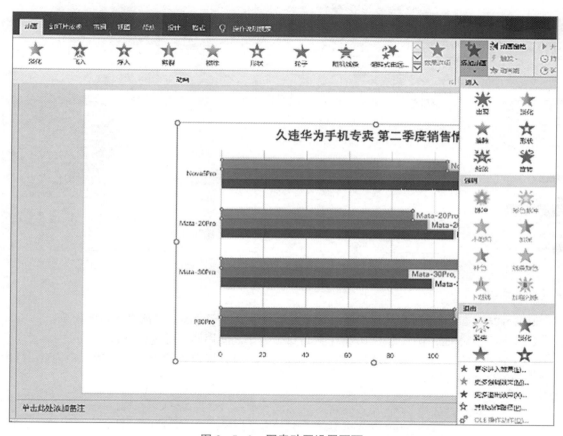

## 1. 图表动画

PowerPoint 2016 不仅支持文字、图片的动画设置，还支持数据图表的动画设置。

（1）图表动画设置。

选中需要设置动画的图表元素，单击【动画 | 高级动画 | 添加动画】，选择合适的动画效果即可。图表动画设置页面如图 3-5-2 所示。

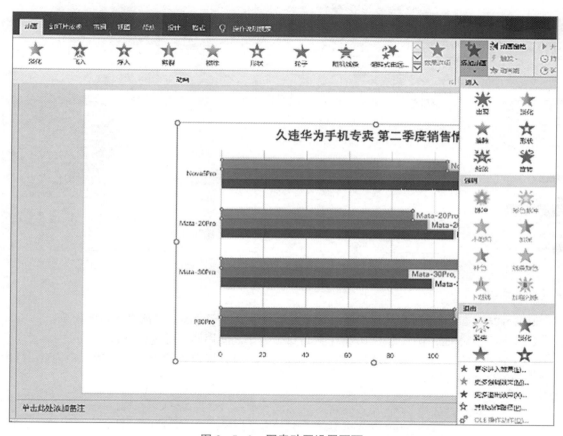

图 3-5-2　图表动画设置页面

（2）组合图表动画设置。

选中需要设置动画的图表元素，单击【动画 | 高级动画 | 动画窗格】打开动画窗格，单击动画窗格中图表动画右方下拉三角按钮【效果选项 | 图表动画 | 组合图表】，设置组合图表动画方式为按分类中的元素。组合图表动画设置页面如图 3-5-3 所示。

（3）图表子对象动画设置。

在动画窗格中，单击图表动画下方的双下拉箭头，打开所有子对象动画，可对每个子对象进行动画效果设置。图表子对象动画设置页面如图 3-5-4 所示。

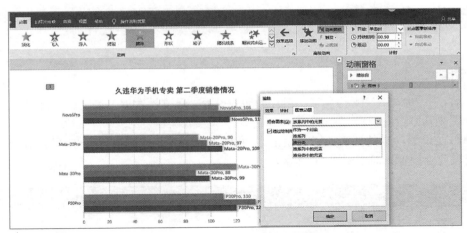

图 3-5-3 组合图表动画设置页面

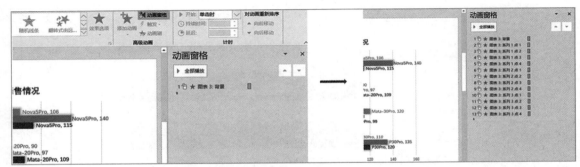

图 3-5-4 图表子对象动画设置页面

## 2. 逐字动画

PowerPoint 2016 中所有动画都能以字母为单位设置逐字动画。具体设置步骤如下：

（1）插入文本框，输入 1～10 十个数，每个数字之间用回车键进行分行；

（2）选中数字，单击【开始 | 段落右下角箭头】，打开段落设置窗口，设置行距为 0。行距设置页面如图 3-5-5 所示。

图 3-5-5 行距设置页面

（3）选中文本框，单击【动画 | 高级动画 | 添加动画 | 强调 | 加粗闪烁】，单击【动画 | 高级

动画 | 动画窗格 】，单击动画窗格中文本框动画右方下拉三角按钮，单击【效果选项 | 效果 】，打开加粗闪烁动画效果选项，设置文本动画为按字母顺序；字母之间延迟为 100%；单击【计时 】，设置重复为 0.9（可按需设置），单击【确定 】。文本框动画设置页面如图 3-5-6 所示。

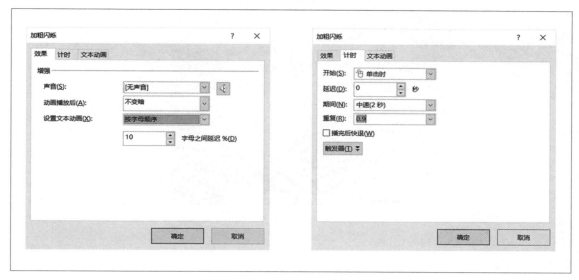

图 3-5-6　文本框动画设置页面

## 3. 页面切换动画

　　PowerPoint 2016 提供了大量页面切换动画效果。选中需设置切换动画的页面，单击【切换 | 切换到此幻灯片 】，选择所需效果即可。动态内容中的 7 个动画效果可实现在翻页时页面内容切换，而幻灯片的背景不改变。页面切换动画设置如图 3-5-7 所示。

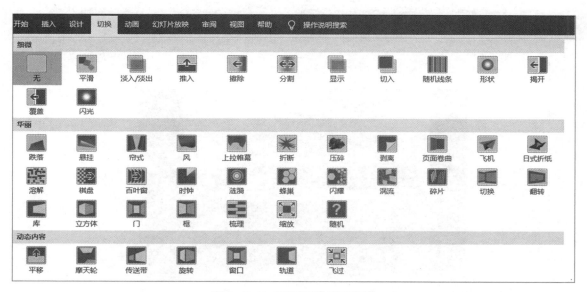

图 3-5-7　页面切换动画设置

可单击【切换 | 切换到此幻灯片 | 效果选项】对切换效果进行设置，如图 3-5-8 所示。

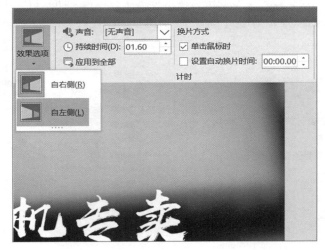

图 3-5-8　切换效果设置

### 4. 音频视频

作为 PPT 中特殊动画效果的音频和视频，其播放控制设置与基本动画设置类似：单击【插入 | 媒体 | 视频或音频 |PC 上的视频或音频】，选择需要插入的视频或音频后，单击【确定】。

选中视频或音频，单击【格式】后，可对视频和音频的样式、排列、大小等进行设置。视频格式设置如图 3-5-9 所示。

图 3-5-9　视频格式设置

选中视频或音频，单击【播放】或【格式】，可对视频和音频进行简单的剪辑，并对播放、形状、动画、音量大小等进行设置。如图 3-5-10 所示。

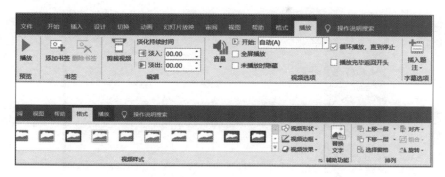

图 3-5-10　视频播放设置

 高手大闯关　　　　　　　　　　　扫一扫！看精彩视频

案例：视频弹幕制作

（1）制作弹幕文字。

打开"PPT 资源 /3-5 资源 /3-5 案例 1 源文件"，新建空白幻灯片，单击【设计 | 自定义 | 设置背景格式】，打开设置背景格式窗格，单击【填充】按钮，设置填充为纯色填充；颜色为黑色，文字 1。插入多个文本框，输入文字，设置文字格式，调整文本框位置。弹幕文字制作效果如图 3-5-11 所示。

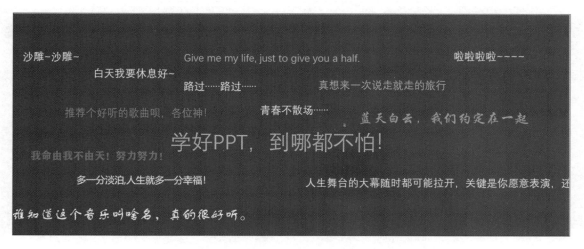

图 3-5-11　弹幕文字制作效果

（2）制作弹幕动画。

选中所有文本框，单击【动画 | 飞入】，再单击【动画 | 高级动画 | 动画窗格】，在动画窗格中打开【效果】选项，单击动画窗格中文本框右方下拉三角按钮【效果选项 | 效果】，设置方向为"自右侧"。如图 3-5-12 所示。

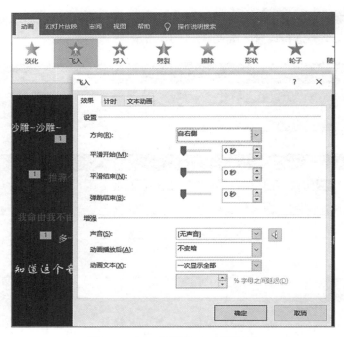

图 3-5-12　弹幕飞入动画设置

（3）优化弹幕动画。

选中所有文本框，在动画窗格中打开【效果】选项，单击【计时】，设置重复为"直到幻灯片末尾"。如图 3-5-13 所示。

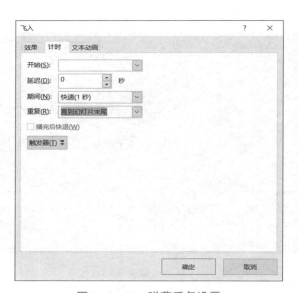

图 3-5-13　弹幕重复设置

此时，发现弹幕动画速度太快，效果不理想。下面，依次选中单个文本框，单击【动画 | 计时】，设置开始为"与上一动画同时"；持续时间为"04.00"；延迟为"01.00"（时间可自定，建议设置为 4～9）。如图 3-5-14 所示。

图 3-5-14  弹幕动画优化设置

设置好之后，将所有文本框移至页面左侧外，如图 3-5-15 所示。

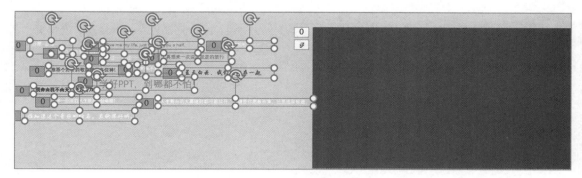

图 3-5-15  弹幕外移

（4）插入视频。

插入"蓝天白云"视频，调整视频大小，选中视频，单击【播放】，在视频选项中，设置开始为"自动"，勾选"循环播放，直到停止"。如图 3-5-16 所示。

选中视频，单击右键【置于底层 | 置于底层】，将视频层移至底层。

图 3-5-16  视频设置

（5）页面切换动画。

选中首页，单击【切换】，单击切换到幻灯片右下方下拉菜单按钮，打开页面切换动画设置框，选择合适的切换动画效果。至此，视频弹幕动画制作完成。

**高手勇拓展**

打开"PPT 资源 /3-5 资源 /3-5 案例 2 源文件"，完成页面切换动画、逐字动画和图表动画设置。

小贴士 | 在制作动画时要重视细节，结合内容选择合适的动画效果。图表动画要简洁有效，在突出数据重点的基础上提高观赏性。

**Power Point** | 高手速成第六关——精准排版创新公司影视策划

学习目标：

　　从整体排版设计案例入手，学习 PowerPoint 演示文稿的封面、目录、过渡页、正文页、封底页的设计及排版功能，掌握 PowerPoint 选材、排版、美化等技能。

## 高手抢"鲜"看

　　要设计出一款比较完美的 PPT，除了要选择高水准的基础素材之外，将所选素材进行美观合理地排版尤为重要。有效地组织信息，通过控制受众的视线移动来提高观赏者对演示文稿所有内容的理解，是 PPT 有效传达信息的关键。

　　一个完整的演示文稿，除正文页面外，封面页、目录页、过渡页和封底的设计更能为 PPT 加分。PPT 整体设计效果如图 3-6-1 所示。

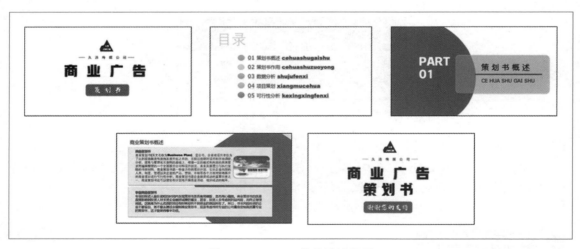

图 3-6-1　PPT 整体设计效果

## 高手加油站

　　PPT 演示文稿主要包含封面页、目录页、过渡页、正文页、封底页这五个基本结构页，下面分别从这五个方面详细讲解如何让 PPT 变得更为精美。

在设计 PPT 时，首先要明确制作 PPT 的目的，其次是确定内容的优先级并选材，最后进行设置和排版。排版要尽量清晰简单，五个基本结构页的风格要一致。针对多而复杂的内容，我们可以采取分组和对比的方式，简化、美化当前页面的设计。

## 1. 封面页排版

封面一般由标题、公司名称和 LOGO 组成，如图 3-6-2 所示。

图 3-6-2　封面页的组成

在设计时要分别考虑三者的优先级，突出重要信息。将要突出的信息设置为视觉最高优先级，再适当增加装饰图片或图标，这样的封面看上去就不一样了！封面页的排版设计如图 3-6-3 所示。

图 3-6-3　封面页排版设计

## 2. 目录页排版

目录页面设计风格和选用的装饰要与封面一致，这样可以将 PPT 的整体设计统一化，如图 3-6-4 所示。

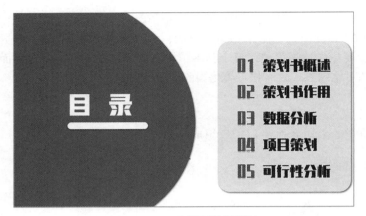

图 3-6-4　目录页排版设计

目录的标题比较多或者比较长时，可以直接按顺序排列，如图 3-6-5 所示。

图 3-6-5　长标题目录排版设计

## 3. 过渡页排版

过渡页要综合封面和目录页的设计风格和装饰元素，设计突出自然和谐，如图 3-6-6 所示。

图 3-6-6　过渡页排版设计

## 4. 正文页排版

如果正文文字比较多，我们可以借助形状进行分段排版和装饰，如图 3-6-7 所示。

图 3-6-7　正文页排版设计

## 5. 封底页排版

封底页的设计要和封面页的设计相呼应，这样，一款简约大方、风格统一、结构匀称的 PPT 就制作完成了，如图 3-6-8 所示。

图 3-6-8　封底页排版设计

高手大闯关　　　　　　　　扫一扫！看精彩视频

案例：久违传媒公司 2020 年影视策划

（1）封面页排版。

打开"PPT 资源 /3-6 资源 /3-6 案例 1 源文件"。选中背景图片，将其放大至满页。单

击【格式 | 调整 | 艺术效果 | 虚化】。单击【插入 | 形状 | 矩形】绘制一个矩形，选中矩形，单击右键【置于底层 | 下移一层】，单击右键【设置形状格式】，打开设置形状格式窗格，单击【形状选项 | 填充与线条】，设置填充为纯色填充；颜色为白色，背景，5%；透明度72%。效果如图 3-6-9 所示。

图 3-6-9　封面页背景排版设计

如果不需要 LOGO 元素，可以将 LOGO 去掉：选中 LOGO，按键盘【Delete】键直接删除即可。

可制作装饰元素：插入一个矩形形状，宽 16 厘米，高 1 厘米；填充颜色为白色，背景 1，深色 5%；再插入一个矩形形状，宽 3 厘米，高 1 厘米；填充颜色为金色，个性色 4；插入两个文本框，分别输入"久违传媒公司""Search"，设置文本格式，调整位置。效果如图 3-6-10 所示。

图 3-6-10　封面页排版设计效果

（2）目录页排版。

选中背景图片，单击【格式 | 裁剪】，将图片裁剪至合适比例，并放大至整个页面大小。插入 4 个矩形形状，更改大小及填充颜色，调整位置，效果如图 3-6-11 所示。

图 3-6-11  目录页插入矩形效果

插入文本框，输入文本，调整设置文本格式，效果如图 3-6-12 所示。

图 3-6-12  目录页排版设计效果

（3）过渡页排版。

选中装饰图片，将图片裁剪至合适比例并调整图片位置。单击【格式 | 调整 | 更正 | 图片更正选项】，打开设置图片格式窗格，单击【图片 | 图片更正】，设置亮度 +20%。插入矩形，单击【格式 | 形状样式 | 形状填充 | 无填充颜色】，单击【形状轮廓】，设置颜色为黑色，文字 1，淡色50%；单击【形状轮廓 | 粗细 | 其他线条】，打开设置形状格式窗格，单击【形状选项 | 填充与线条】，设置线条为实线；宽度为 7 磅。插入直线，在设置形状格式窗格中，更改线条为实线；颜色为黑色，淡色 50%；宽度 7 磅，实现装饰效果。效果如图 3-6-13 所示。

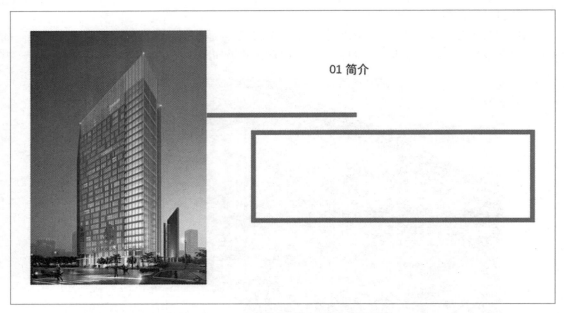

图 3-6-13　过渡页图片、形状设置效果

插入文本框，输入文本，设置文本格式，调整形状大小及位置，效果如图 3-6-14 所示。

图 3-6-14　过渡页排版设计效果

（4）正文页排版。

插入图片，裁剪至合适大小，调整位置。插入矩形形状，设置填充颜色为白色，背景1；透明度为47%，调整大小及位置。插入文本框，输入文本，设置文本格式，调整位置。最后插入实线分隔正文内容。效果如图 3-6-15 所示。

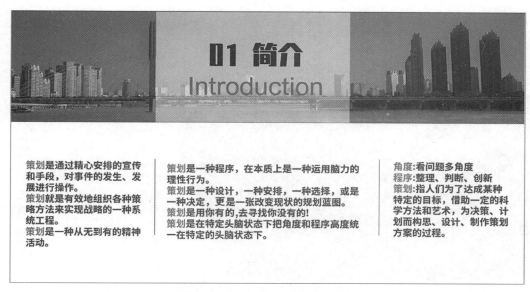

图 3-6-15　正文页排版设计效果

（5）封底页排版。

删除原来的封底页，复制粘贴封面页，更改文本内容，效果如图 3-6-16 所示。

图 3-6-16　封底页排版设计效果

高手再拓展

打开"PPT 资源 /3-6 资源 /3-6 案例 2 源文件"，完成如图 3-6-17 和图 3-6-18 所示的效果。

图 3-6-17　封面排版

图 3-6-18　尾页排版（文字排版）

小贴士

综合使用 PowerPoint 2016 提供的智能化的设计功能、形状装饰、文字及颜色
对比等方法进行排版。

**Power Point** 高手速成第七关——纵横配色美化产品宣传广告

学习目标：

从对色彩的理解入手，结合配色案例，学习 PowerPoint 演示文稿的选色、配色技巧。

## 高手抢"鲜"看

色彩是我们观察和认识世界最重要的元素，色彩在一定程度上定格了 PPT 的整体基调。要设计出一款精美的 PPT，配色技巧的掌握尤为重要。配色主要包含主色和辅色的选择。

PowerPoint 2016 一般使用两种颜色模式：HSL 模式和 RGB 模式。配色效果如图 3-7-1 所示。

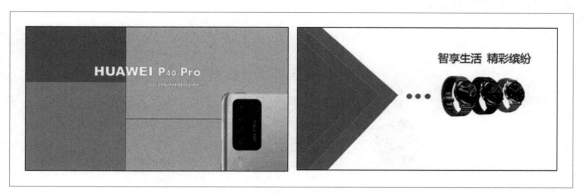

图 3-7-1　配色效果

## 高手加油站

在设计 PPT 时，人们总是感觉配色无从下手。一般情况下，人们会根据内容选择颜色，但这样做有时候却达不到想要的效果。比如关于新年的 PPT 总是选择红色；关于踏春的 PPT 总是选择绿色，这样做往往没有什么新意。如何让你的 PPT 与众不同呢？下面让我们一起来探讨吧。

### 1. 颜色模式

（1）HSL 模式。

HSL 模式共有色相、饱和度、明度三个参数。色相是色彩的首要特征；饱和度是指色彩的纯度；明度是指亮度，就是色彩的明暗程度。HSL 模式如图 3-7-2 所示。

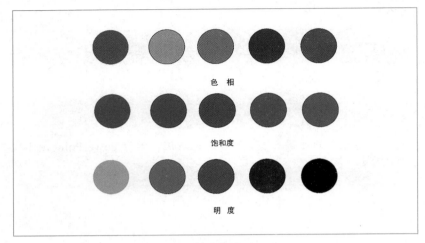

图 3-7-2　HSL 模式

（2）RGB 模式。

　　RGB 模式是指由三基色（红色、绿色、蓝色）混合而成的颜色模式。每种颜色的取值范围为 0 ~ 255，数值越大，颜色比例越大。我们现在用的显示器颜色都是通过三基色混合而成的，同一种颜色的 RGB 值是唯一确定的。在做 PPT 配色时，用到的颜色值都是 RGB 值。RGB 模式如图 3-7-3 所示。

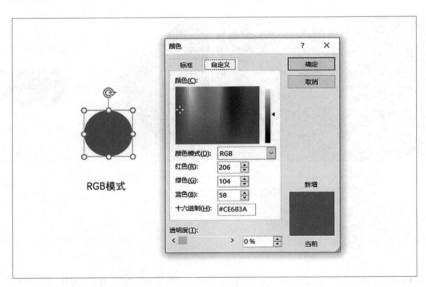

图 3-7-3　RGB 模式

## 2. 色彩感受

　　色彩是一种主观感受，设计时需要用心感受，而不能生搬硬套。色彩的冷暖会给人不同的感受。
　　色相接近蓝色的颜色，归入冷色系。如青色。
　　色相接近红色的颜色，归入暖色系。如橙色、黄色。

绿色、紫色、黑色、白色和灰色通常称为中性色。

各色系效果如图 3-7-4 所示。

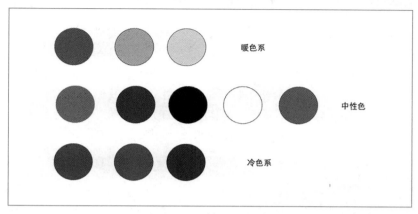

图 3-7-4　各色系效果

## 3. 配色方法

PPT 的配色主要就是主色和辅色的选择。主色主要根据演示文稿的内容和要表达的精神内涵来选择；辅色主要从能与主色形成强烈对比并且能丰富主色的细节两个层面来选择。

配色常用方法有：纯色（选用一种颜色，对素材的要求非常高）、同色系、双色相（两种不同颜色或者一种暖色和一种冷色）。

设计 PPT 时，要确定一个非常完美的配色方案绝非易事，但是我们可以从多种渠道快捷地获取配色方案，比如"纵横配色"。

纵横配色，顾名思义，就是在颜色表上选色时，沿纵向或者横向取色。纵横配色原理如图 3-7-5 所示。色相、纯度、明度三者中有两者一致时，搭配效果非常好。

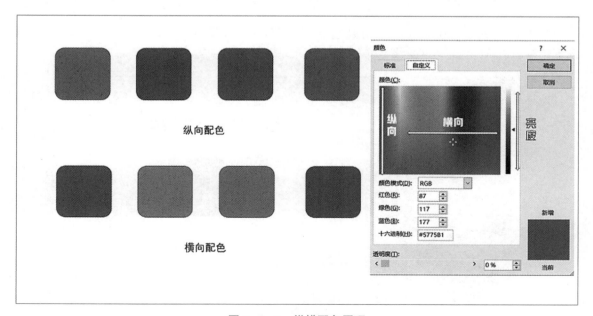

图 3-7-5　纵横配色原理

*案例：华为产品宣传展示*

（1）横向配色。

打开"PPT资源/3-7资源/3-7案例1源文件"。选中第一页，按照横向配色技巧进行配色。单击【开始 | 编辑 | 选择 | 选择窗格】打开选择窗格，以便我们选择需要配色的元素。选中需要配色的矩形后，单击【格式 | 形状样式 | 形状填充 | 其他填充颜色 | 自定义】，打开配色表，定好亮度，在亮度不变的情况下，随机横向选择颜色进行配色，效果如图3-7-6所示。

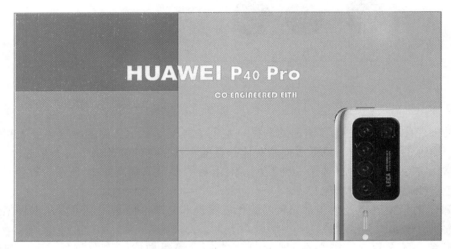

图3-7-6　横向配色效果

（2）纵向配色。

选中第二页，打开选择窗格，分别选中直角三角形和椭圆，在亮度不变的情况下，按照纵向配色技巧进行配色，效果如图3-7-7所示。

图3-7-7　纵向配色效果

（3）亮度配色。

选中第三页，打开选择窗格，选中需要配色的形状，打开配色表，定好颜色，调整亮度进行配色，效果如图 3-7-8 所示。

图 3-7-8　亮度配色效果

PPT 高手勇拓展

打开"PPT 资源 /3-7 资源 /3-7 案例 2 源文件"，完成如图 3-7-9 和图 3-7-10 所示的效果。

图 3-7-9　纵向配色

图 3-7-10　横向配色

　巧妙使用纵横配色法进行配色，综合使用文字、图像处理技能，制作色彩协调、整体大方的 PPT。

## 高手速成第八关——巧用水印提升 PPT 专属品质

Power Point

**学习目标：**

从巧妙制作水印入手，结合案例，学习在 PowerPoint 演示文稿中添加水印，掌握 PowerPoint 设计水印技能。

### 高手抢"鲜"看

在制作 PPT 时，我们通常都会借助网络收集一些素材，但收集到的素材有一部分有水印效果，不能直接使用。我们总是想各种办法去掉水印，殊不知，如果水印用得巧妙，会给 PPT 带来更好的视觉上的冲击，尤其是页面有些单调时，水印能更好地弥补空白，提升 PPT 的品质。水印效果如图 3-8-1 所示。

图 3-8-1 水印效果

高手加油站

如何制作出精致大方、美感十足的水印呢？让我们一起来学习它的制作方法吧。

常见的水印模式有两种：文字水印和图片水印。

## 1. 文字水印

文字水印不仅能弥补空白，使页面丰富，还能突出一些必要信息。文字水印效果如图3-8-2所示。

图 3-8-2　文字水印效果

## 2. 图片水印

如果所制作的 PPT 不适合添加文字水印，为了达到突出文案或者图片的目的，我们可以选用图片水印，将图片设置成水印效果添加到文案或者图片的底部。图片水印效果如图 3-8-3 所示。

图 3-8-3　图片水印效果

案例：水印制作

（1）文字水印。

打开"PPT 资源 /3-8 资源 /3-8 案例 1 源文件"，单击第一页，选中文字"2020 年"并删除。单击【插入 | 文本框 | 绘制横向文本框】，输入文字"2020"。选中文字"2020"，单击【开始 | 字体】，设置字体为方正粗黑宋简体；大小为 260 磅；颜色为白色，背景 1，深色 5%，使其接近于背景色，调整文字位置。文字水印效果如图 3-8-4 所示。

图 3-8-4    文字水印效果

（2）图片水印。

选中第二页，选中图片，运用组合键【Ctrl+C】复制。单击【插入 | 形状 | 矩形】绘制两个矩形，调整位置；分别选中原图片、两个矩形，单击【绘图工具 | 格式 | 插入形状 | 合并形状 | 组合】，制作图片立体效果，如图 3-8-5 所示。

图 3-8-5    制作图片立体效果

插入矩形形状。选中矩形，单击【格式|形状样式|形状轮廓|无轮廓】，在矩形上单击右键【设置形状格式|形状选项|填充与线条】，设置填充为图片或纹理填充；插入图片来自剪贴板，透明度为70%。效果如图3-8-6所示。

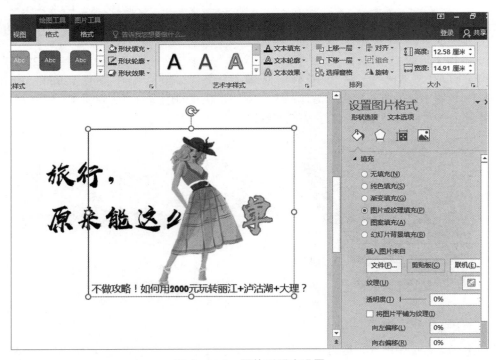

图 3-8-6　图片透明度设置

选中矩形（图片填充），置于最底层，调整位置及大小，完成图片水印设置，效果如图3-8-7所示。

图 3-8-7　图片水印效果

高手再拓展

打开"PPT 资源 /3-8 资源 /3-8 案例 2 源文件",完成如图 3-8-8 和图 3-8-9 所示效果。

图 3-8-8　文字水印

图 3-8-9　图片水印

小贴士 | 巧妙使用水印制作技巧,综合使用文字水印和图片水印的制作技巧,产生精美的水印效果。

## Power Point 高手速成第九关——模板设计简化 PPT 制作流程

学习目标：

从制作 PPT 模板入手，结合案例，学习利用 PowerPoint 2016 制作 PPT 模板，掌握 PPT 快速编辑演示文稿技能。

### 高手抢"鲜"看

模板是 PPT 的外包装，PPT 模板不仅要看起来好看，还要与主题和内容相统一，体现制作者的情感。

PPT 模板的设计要素主要包括：页面设置、主题版式、配色方案、主题字体。PPT 模板设计效果如图 3-9-1 所示。

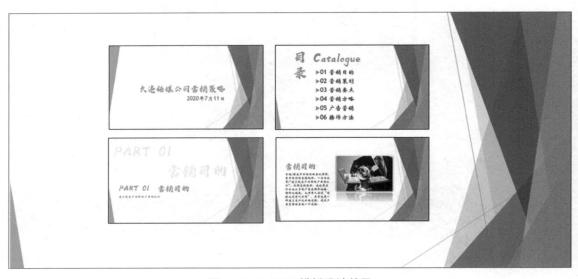

图 3-9-1　PPT 模板设计效果

### 高手加油站

PowerPoint 2016 中【设计】选项卡主要分为主题、变体、自定义三个部分。

## 1. 主题

PowerPoint 2016 中提供了很多主题模式。单击【设计 | 主题】，主题显示区会显示最近正在使用的主题和 PowerPoint 2016 提供的备用主题，如图 3-9-2 所示。

图 3-9-2　PowerPoint 2016 提供的模板主题

## 2. 变体

选中主题后，可以单击【设计 | 变体】更改主题配色方案。单击变体右侧下拉菜单，可进行颜色、字体、效果、背景样式的更改。主题变体设置页面如图 3-9-3 所示。

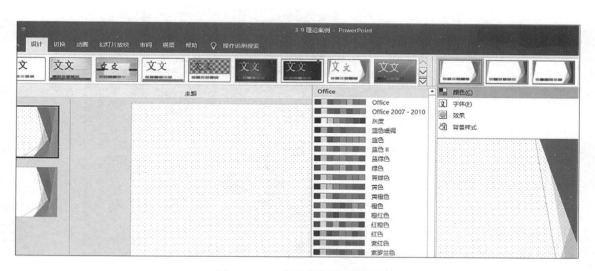

图 3-9-3　主题变体设置页面

## 3. 自定义

在自定义菜单区，可以设置幻灯片大小和背景格式。单击【幻灯片大小】下拉菜单，可将幻灯片大小设定为标准（4:3）、宽屏（16:9），也可单击【自定义幻灯片大小】，打开幻灯片大小对话框进行自定义设置。设定幻灯片大小时要根据演示场地和演示屏幕进行设置，目前我们常用 16:9 格式。幻灯片大小设置页面如图 3-9-4 所示。

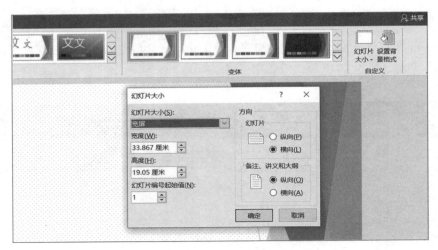

图 3-9-4　幻灯片大小设置页面

单击【设置背景格式】，打开设置背景格式窗格，可对背景进行填充设置。幻灯片背景格式设置页面如图 3-9-5 所示。

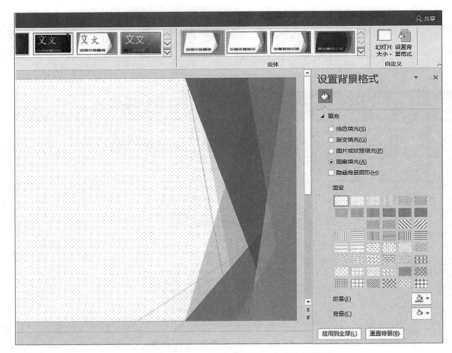

图 3-9-5　幻灯片背景格式设置页面

### 4. 创建模板

单击【视图 | 母版视图 | 幻灯片母版】，进行母版版式设置。母版版式至少包含：封面版式、目录页版式、过渡页版式、内容版式、封底页版式。打开母版版式后，可以进行母版版式、主题、颜色、字体、效果、幻灯片大小等的设置。设置完成后，关闭母版视图，即可建立一个 PPT 模板。母版版式设置页面如图 3-9-6 所示。

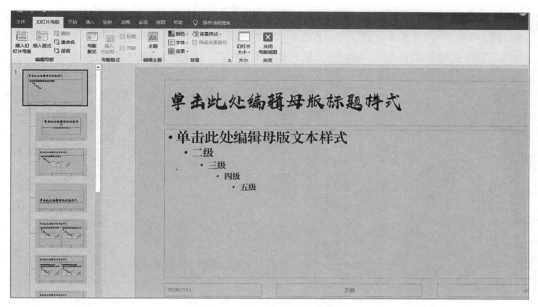

图 3-9-6　母版版式设置页面

高手大闯关

扫一扫！看精彩视频

案例：公司模板制作

（1）创建模板。

打开 PPT。单击【视图 | 母版视图 | 幻灯片母版 | 母版版式】，根据公司文化特色选择主题，创建一个合适的母版。母版版式效果如图 3-9-7 所示。

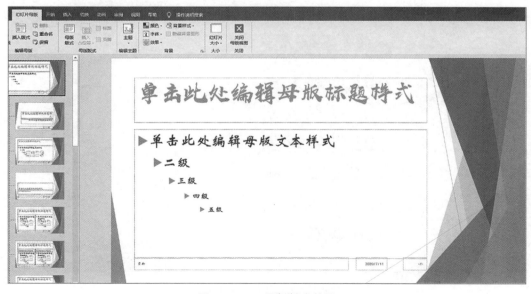

图 3-9-7　母版版式效果

（2）封面设计。

创建好母版后，单击【关闭母版视图】。单击【开始|幻灯片|新建幻灯片】，选择【标题幻灯片】，按照需要修改标题、副标题，创建幻灯片封面。封面设计效果如图3-9-8所示。

图 3-9-8　封面设计效果

（3）目录页设计。

单击【开始|幻灯片|新建幻灯片】，选择【标题和内容】，修改文字目录，可插入文本框，输入目录、英文，调整文字格式和位置。目录页设计效果如图3-9-9所示。

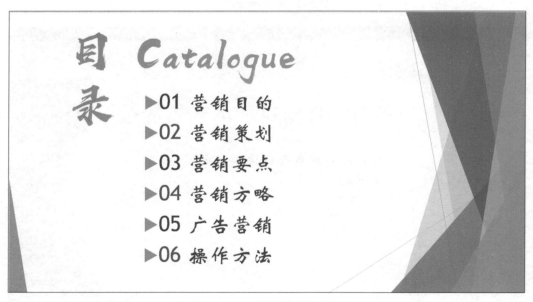

图 3-9-9　目录页设计效果

（4）过渡页设计。

单击【开始 | 幻灯片 | 新建幻灯片】，选择【节标题】，修改标题和章节主要内容或描述性语言，调整文字格式和位置，可运用文字水印填充空白。过渡页设计效果如图 3-9-10 所示。

图 3-9-10　过渡页设计效果

（5）内容页设计。

单击【开始 | 幻灯片 | 新建幻灯片】，选择【内容与标题】，修改标题和内容，调整文字格式和位置。单击【插入 | 图片】，插入图片，设置图片格式。内容页设计效果如图 3-9-11 所示。

图 3-9-11　内容页设计效果

（6）封底设计。

单击【开始 | 幻灯片 | 新建幻灯片】，选择【标题幻灯片】，按照需要修改标题、副标题，创建幻灯片封底页，也可直接复制封面，修改内容。封底设计效果如图 3-9-12 所示。

图 3-9-12　封底设计效果

模板制作注意事项：使用简单元素和效果、单色系配色、规定页边距、美化封面与封底的文案。要制作出精美的模板，还需要综合使用在前面几关所学的各种设计技巧。

### 高手勇拓展

打开"PPT 资源 /3-9 资源 /3-9 案例 2 源文件"，完成如图 3-9-13 和图 3-9-14 所示的效果。

图 3-9-13　封面设计

## 我国物流业发展现状

- 专业化物流服务需求已显露端倪
- 专业化物流企业开始涌现
- 多样化物流服务有一定程度的发展

图 3-9-14　内容页设计

 小贴士 | 综合运用文字、图片处理等制作技巧，完成 PPT 模板的设计。

Power Point

# 高手速成第十关——保存发布方便快捷演示 PPT

**学习目标：**

从讲解 PPT 保存与发布技巧和注意事项入手，结合案例，学习 PowerPoint 2016 演示文稿保存和发布的方法，掌握 PPT 保存和发布的相关技能。

## 高手抢"鲜"看

一款精美的 PPT 演示文稿制作完成后，想实现在任何设备上都能顺利打开，并保持制作者原创的设计和效果，就必须注意 PPT 文件的兼容性和字体嵌入等保存和发布方面的问题，掌握相关的操作技能。

## 高手加油站

要顺利地保存和发布 PPT 演示文稿，就必须了解 PPT 各版本支持的文件格式、兼容性等问题，掌握文稿的保护和演示者视图的应用。

### 1. PPT 支持的文件格式

ppt 格式：PowerPoint 2003 及以上版本都支持，但 PowerPoint 2010 以上版本保存发布时，一些效果会被默认替换为淡出。

pps 格式：PowerPoint 2003 及以上版本都支持，此格式打开后直接进入播放界面。我们可直接将文件重命名为 ppt 格式，然后进行编辑修改。

pptx 格式：PowerPoint 2007 及以上版本支持，是目前最常用的格式。

ppxs 格式：PowerPoint 2007 及以上版本支持，此格式打开后直接进入播放界面，无法进行编辑修改。

wmv/mp4 格式：PowerPoint 2010 及以上版本支持，可直接导出为视频文件。导出后不能运用 PPT 对视频进行编辑和修改，也不能控制其播放。导出方法为：单击【文件|导出|创建视频】，设置好参数后，单击【创建视频】即可。保存为视频格式的页面如图 3-10-1 所示。

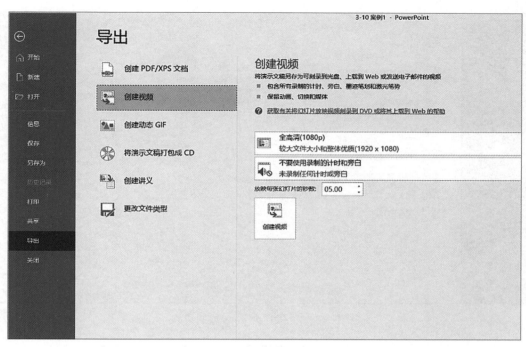

图 3-10-1　保存为视频格式页面

pdf 格式：PowerPoint 2010 及以上版本支持。导出方法为：单击【文件 | 导出 | 创建 PDF/XPS 文档】。保存为 pdf 格式页面如图 3-10-2 所示。

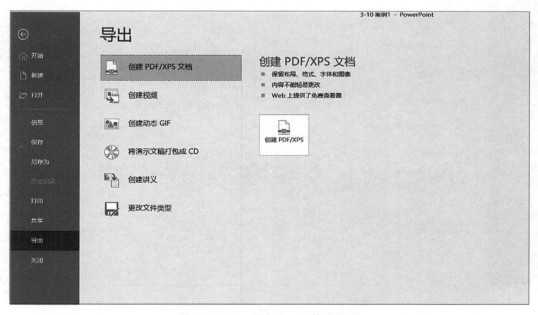

图 3-10-2　保存为 pdf 格式页面

docx 格式：PowerPoint 2010 及以上版本支持，即将演示文稿导出为 Word 格式的讲义文档。导出方法为：单击【文件 | 导出 | 创建讲义】。保存为 docx 格式的页面如图 3-10-3 所示。

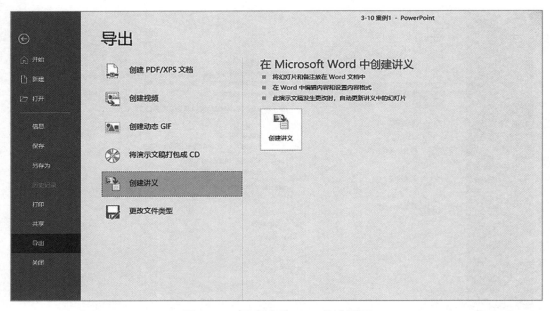

图 3-10-3　保存为 docx 格式页面

png/jpeg 格式：PowerPoint 2010 及以上版本支持。导出方法为：单击【文件 | 导出 | 更改文件类型 | PNG 可移植网络图形格式（或 JPEG 文件交换格式）| 另存为】，设置好文件名后保存即可。保存为 png/jpeg 格式的页面如图 3-10-4 所示。

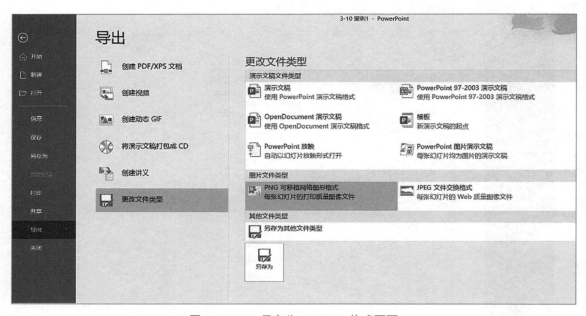

图 3-10-4　保存为 png/jpeg 格式页面

## 2. PPT 兼容性

PowerPoint 2007 以上版本会优先保存为 pptx 格式。如果演示所用设备安装的是 PowerPoint

2003 及以下版本，保存发布时必须保存为 ppt 格式。如果不清楚演示设备，则优先保存为 ppt格式。

保存发布时，还要注意文字的嵌入，不能嵌入的文字最好转成图片插入，以保证演示时能呈现原创者的设计效果。

## 3. 保护演示文稿

单击【文件 | 信息 | 保护演示文稿】，在下拉菜单中选择所需的保护措施。PowerPoint 2016提供了标记为最终状态、用密码进行加密、限制访问、添加数字签名等多种文件保护措施，如图 3-10-5 所示。

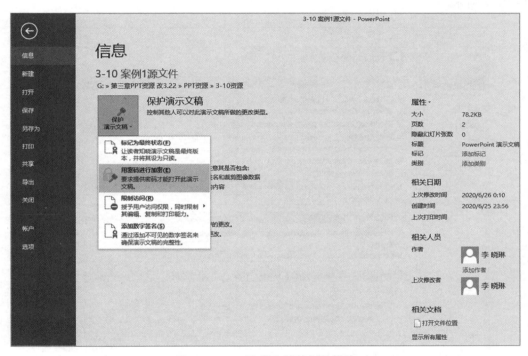

图 3-10-5　演示文稿的保护措施

## 4. 录制演示文稿

我们在演讲时，可以录制演示文稿，将播放每一篇演示文稿时的音频录制下来，最后生成一个有像有音的视频讲解文件或课件。

在录制之前，我们首先要检查电脑设备的麦克风是否处于正常工作状态。麦克风检查正常后，单击【幻灯片放映 | 设置】，勾选播放旁白、使用计时、显示媒体控件，之后单击【录制幻灯片演示 | 从头开始录制】。单击录制窗口右上方关闭按钮完成录制后，每页都会自动生成一个录制时的音频文件，单击【文件 | 导出 | 创建视频】，选择录制计时和旁白，设置放映每张幻灯片的秒数为 0，单击页面下方的【创建视频】按钮，即可得到一个带音频的视频文件。

在录制时，语音、鼠标、翻页动作、激光笔效果等都会被录制下来，但荧光笔和笔的效果不会被录制。因此，在录制时，尽量不用荧光笔和笔进行标注，否则会卡顿，出现影音、动作不同步的情况，达不到想要的效果。

扫一扫! 看精彩视频

案例：红叶谷

（1）字体嵌入。

很多时候，我们制作好的 PP 在不同的电脑上播放时会出现字体丢失的现象，这就需要我们在保存 PPT 时将字体嵌入文件中。具体方法是：打开 PPT，单击【文件 | 选项 | 保存】，勾选将字体嵌入文件，单击【确定】。这样就将常用字体嵌入 PPT 文件中了。嵌入常用字体页面如图 3-10-6 所示。

图 3-10-6　嵌入常用字体页面

如果 PPT 使用了特殊字体，上述方法不能实现字体嵌入，则需要我们在编辑 PPT 状态下，选中特殊的字体，按 Ctrl+C 进行复制，单击【开始 | 剪贴板 | 粘贴 | 粘贴选项 | 图片】，调整好图片位置，删除原字体。这样就将字体转换成了图片，不怕文字再丢失了。嵌入特殊字体如图 3-10-7 所示。

图 3-10-7　嵌入特殊字体

（2）保护演示文稿。

单击【文件 | 信息 | 保护演示文稿 | 用密码进行加密】，设置密码为 123456，如图 3-10-8 所示。

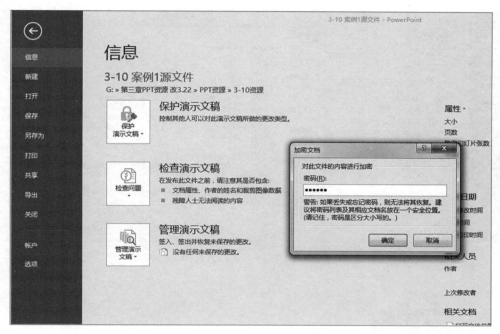

图 3-10-8　保护演示文稿

（3）录制幻灯片演示。

检查电脑麦克风处于正常工作状态，单击【幻灯片放映 | 设置】，勾选播放旁白、使用计时、显示媒体控件，之后单击【录制幻灯片演示 | 从头开始录制】。录制完成后，每页会自动生成一个录制时的音频文件，单击【文件 | 导出 | 创建视频】，设置每张幻灯片的秒数为 0，选择录制计时和旁白；单击【开始录制】，如图 3-10-9 所示。

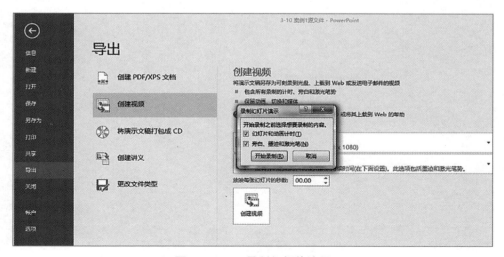

图 3-10-9　录制幻灯片演示

（4）保存发布演示文稿。

单击【文件 | 保存】或【另存为 | 浏览】，选择需要保存的格式、路径，输入文件名称，单击【保存】即可。另存为页面如图 3-10-10 所示。

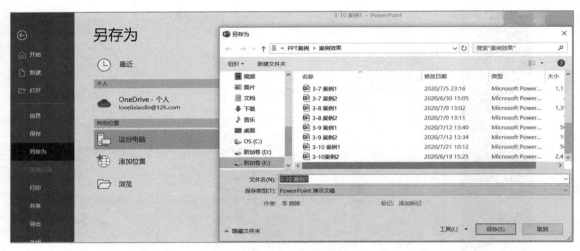

图 3-10-10　另存为页面

高手勇拓展

打开"PPT 资源 /3-10 资源 /3-10 案例 2 源文件"，练习文字嵌入、保护演示文稿、录制幻灯片演示、保存发布演示文稿等操作，掌握相关技能。

小贴士 | 综合使用录制、保护、保存发布演示文稿等制作技巧，完成设计。选择密码保护时，一定要记住所设置的密码，否则文件将无法恢复。